品成

阅读经典 品味成长

屏蔽力

富书◎著

人民邮电出版社

北京

图书在版编目（ＣＩＰ）数据

屏蔽力 / 富书著. -- 北京：人民邮电出版社，
2023.10（2024.5重印）
　ISBN 978-7-115-62741-4

Ⅰ．①屏… Ⅱ．①富… Ⅲ．①成功心理－通俗读物
Ⅳ．①B848.4-49
　中国国家版本馆CIP数据核字(2023)第178062号

◆ 著　　　　富　书
　责任编辑　马晓娜
　责任印制　陈　犇
◆ 人民邮电出版社出版发行　　北京市丰台区成寿寺路 11 号
　邮编 100164　　电子邮件 315@ptpress.com.cn
　网址 https://www.ptpress.com.cn
　三河市中晟雅豪印务有限公司印刷
◆ 开本：880×1230　1/32
　印张：7.5　　　　　　　　　2023 年 10 月第 1 版
　字数：124 千字　　　　　　 2024 年 5 月河北第 10 次印刷

定价：59.80 元

读者服务热线：（010）81055671　印装质量热线：（010）81055316
反盗版热线：（010）81055315
广告经营许可证：京东市监广登字 20170147 号

生活在纷扰繁杂的尘世中，你我都会不自觉地陷入盲目攀比，又或因他人的闲言碎语和越界要求而烦恼不安。如果我们能活到 80 岁，那人生不过 29200 天。当我们的内心被消耗自己的人和事塞满，注定只能过一个疲惫又无意义的人生。如果你为关系所累，活得辛苦又疲惫，那是时候提升你的屏蔽力了。把那些烦人的人、烦心的事、无效的社交、无用的信息，统统"请"出你的世界，你会迎来干净、透亮又有力的生活。

任何消耗你的人和事，多看一眼都是你的不对。

目录

185

第六章　过素净不内耗的人生

前言

戒掉贪欲，方为人生上策

如果你总是莫名其妙地感到焦躁，有时甚至会因为别人的一句话而焦虑很久，说明你该提高屏蔽力了。

当年余秋雨面对恶意评论，深陷舆论旋涡时，他只淡然回应："马行千里，不洗尘沙。"

生活中有一个三七原则：一部手机，70% 的功能都是我们用不上的；一间房子，70% 的空间都是闲置的；家里的东西，70% 都是不会再次使用还舍不得扔的。

很多时候我们感到焦虑，就是因为太在乎那 70% 不重要的，而忽略了那重要的 30%。做自己的事，行自己的路，屏蔽 70% 不重要的，只享受那 30% 真正属于自己的生活。

安东尼·罗宾说："把注意力百分之百集中在你要达成的目标上，而不是你所臆想的恐惧的事情上。"

我们总是太过浮躁，想得太多，做得太少，与其这样，不如屏蔽一些不切实际的想法，脚踏实地做好现在的事情。胖了就减肥，能力不足就提升，行动起来，一切美好才会如约而至。

屏蔽自己的贪欲

庄子有云："贪财而取危，贪权而取竭。"

要知道自己想要什么，不能什么都想要，当你什么都想要时，反而什么都得不到。

19 世纪末，一名法国商人开了一家轮胎作坊，在他的用心经营下，小作坊很快发展为大公司。随后商人又看上造船业，于是立马成立了一家造船厂；后来又听别人说酿酒业也很不错，又马不停蹄地开了一家酿酒公司……

他原本以为事业会越做越大，可不曾想，不久后他名下的公司业务开始亏损，甚至连赖以生存的轮胎企业也面临经济危机。

茫然过后，他决定重新开始。到一座葡萄园考察时，看到农户们把架子上一些没有瑕疵的青葡萄摘下来扔掉了，他觉得非常可惜："这些葡萄看上去没有什么问题，为什么要摘下来扔掉呢？"

农户回答道："如果不摘掉一部分葡萄，所有葡萄相互抢夺养分，不仅都长不大，而且还不够甜。只有摘掉一些，才能让剩下的葡萄长得更成熟，味道更好。"听完这番解释，商人恍然大悟，原来太过贪心，只会适得其反。

周鸿祎在一次采访中曾说："要知道自己想要什么，然后坚持不懈地去努力、不能看到兔子抓兔子，看到野鸡追野鸡，看到山头就想占山为王。"

有的人看到别人学写作，就跟着报写作课；看到同事在学做短视频，又觉得做短视频拥有红利，又买了学短视频制作的课；在家庭聚会时听说表姐考取了好几个职业证书，觉得自己不能输给她，继而迅速给自己报了名……结果因为时间、精力有限，最后都无疾而终，不仅浪费了大量的财力和精力，还陷入自我怀疑中无法自拔。

稻盛和夫曾说，人可以满足现实，但是欲望之心永远不会让人们在现实生活中驻足。贪欲让人不断地向生活索求，甚至渐渐吞噬所有的幸福。

过多的想法容易引起不必要的焦虑和内耗，当你陷入犹豫和纠结中时，别想太多，选择一个最重要的目标，马上行动起来。

真正的价值不在于多，而在于少而精。少即是多，屏蔽自己的贪欲，方为人生上策。

屏蔽他人的干扰

村上春树在《挪威的森林》中说："不管全世界的人怎么说，只有自己的感受才是正确的；不论全世界的人怎么看，我们都不该因别人的干扰而打乱自己的节奏。"

奔波在快节奏的社会洪流中，我们被卷得身心疲惫，看似忙忙碌碌，却容易在盲目攀比中迷失了方向，也常常因为别人的一句评价而迷失了自己。

看到邻居家的孩子穿名牌，也给自己的孩子买名牌，不问孩子是否喜欢；看到一起长大的发小在大城市买了房，自己拼了命地也要挤进大城市，美其名曰为了孩子的教育，而不考虑自己是否扛得住生存的压力；看到同事换了车，不管自己的车是否该换，也总想找个理由换掉……

不要用别人的脑子思考自己的人生，不要把自己代入别

人的因果。心理学上有一个叫"课题分离"的理论，即成年人要区分好什么是别人的课题，什么是自己的课题。

在一个实行末位淘汰制的公司，有个女孩经常担心自己表现不好，害怕人事会给她的绩效打不合格的分数，她焦虑得无法好好工作。同事跟她开玩笑说："我觉得人事应该分一份工资给你。你一直在操心人事的事，却没有做好自己的工作。"

判断一件事是谁的课题，有一个简单的准则：**谁承担直接的后果，那就是谁的课题。**

林语堂曾说：要有勇气做真正的自己，单独屹立，不要想着去做别人。别人的成绩与我们无关，我们要做的是自己的成绩。不要羡慕别人，屏蔽他人的干扰，专注做好自己的事。

提高屏蔽力，向内观

林清玄曾说："花儿要开花，是为了完成作为一株花的庄严使命，不管世人怎么看，它都要开花。"

这个世界看似泥沙俱下，但你若清澈无瑕，世界就干净无瑕；你若简简单单，世界就难以复杂。

如果你屏蔽力不足，就会在不知不觉中浪费大量宝贵的时间，消耗本来就不多的热情和精力。

一直向外张望的人，走不好脚下的路。我们到底该怎么做到"向内"生活呢？

第一，在闹市中让心静下来。

曾国藩曾说："人心能静，虽万变纷纭亦澄然无事；不静则燕居闲暇，亦憧憧亦靡宁；静在心，不在境。"

浮躁不安，只会让自己飘浮在空中，忽略真实的生活。静下来，杂念和欲望就会减少，心就会因此而安定淡然，不会因为欲望得不到满足而心烦意乱、惶恐不安。

第二，切断一切消耗源。

进步，是决定停止做什么。

对于普通人来说，时间和精力是我们最珍贵的资源，任何浪费时间和精力的事情都应该被我们屏蔽掉。例如，屏蔽那些容易引起恐慌的新闻，卸载所有非必要和无用的社交软件，在最大范围内保证自己做事情时的专注度。

关注任何一件事之前，先问问自己：这件事对我的成长有好处吗？如果没有，那就屏蔽。

第三，抓重点提升自己。

木桶效应讲的是，一只木桶能装多少水，完全取决于最短的那一块木板。木桶效应提醒我们补足自己短板的重要性。只有屏蔽无效的社交、努力和信息，才能实现对时间的充分利用，找出短板，改进短板。

当我们自身发光发热的时候，一切美好都会不期而遇。高能量的人都懂得把精力和时间花在对自己最重要的事情上。**屏蔽无用的信息，屏蔽过多的想法，屏蔽别人的干扰，屏蔽不中听的话。与其费尽心思揣摩他人，不如努力讨好自己。**

过于关注别人的人，往往丢掉的是自己的人生。屏蔽力是一个人顶级的能力，任何消耗你的人和事，多看一眼，多纠缠一点儿，都是对生命的浪费。

第一章

不懂屏蔽，
精神内耗变成常态

＊ ＊ ＊

人在管理自我的时候需要消耗心理资源，当资源不足时，人就会处于内耗的状态，长期如此会让人觉得疲惫不堪。由于精神拉扯，很多人被生活和工作裹足不前，不知不觉地在自我的围城里蹉跎终生。

你还深陷情绪图圄，却在学习取悦别人

花姐气红了眼，拉着我吐槽她的部门经理。

项目组开评审会，久未露面的部门经理居然出现了，并且一上来就揪着几个小问题不放，一连几问，咄咄逼人。花姐只好从头一一解释。

花姐对部门经理是有些生气的：平时从不帮下属解决工作难题，甚至都不露面，偶尔冒个头还只会指指点点。关键是，部门经理问的这些常规问题本来都是按照默认规则处理的，大家对此都心知肚明，只是因为部门经理太久没关注下属的工作，所以不知道罢了。

花姐的解释并没让部门经理满意，反而换来了一连串的"不是""不对""你应该""你必须"。这些否定词频繁切断花姐的发言，使她欲哭无泪。部门经理似乎只是想反对她，

哪怕自己的表达都自相矛盾,再加上她态度强硬,语气冷淡,最终成功地把花姐激怒了。

花姐索性闭了嘴,任凭部门经理一个人滔滔不绝。她听得烦躁,忍不住开始神游。花姐想起部门经理曾经把一个同事逼得哭花脸,她的一个室友也因受不了她的坏脾气而搬了家。她经常因做事越界或给他人添麻烦而被身边的同事嫌弃。部门经理的低情商已经让身边的人都招架不住了。

花姐烦躁,然后内心埋怨部门经理:"难道你就不能学学好好说话,你知不知道大家都讨厌死你了!"她完全沉浸在自己的坏情绪里,把部门经理的话通通挡在大脑之外。

听花姐唠叨一通之后,我问她:"如果你们部门经理没有激怒你,而你也听进去了她的话,那你觉得她说得对吗?"花姐一下子愣住了,她突然意识到,自从被部门经理激怒之后,她就只沉浸在自己的坏情绪里,根本无心细想那些话的对错。

等到花姐冷静下来,仔细琢磨部门经理的话时,花姐的一肚子气便消化了一大半,因为她发觉项目组之前确实忽略了很多细节,尤其是部门经理提到的最后一点。天哪,部门经理的话虽然让人极不舒服,但竟然不无道理!

如果你因为对方差劲的说话方式和态度而气愤不已,忽略了好的建议，不是得不偿失吗？你不才是那个被坏情绪困住，从而丧失理智、充满偏见、无所作为的人吗？

尽快摆脱坏情绪让自己高兴起来，进而避免受到无意义内耗的干扰，这也是提高情商的一部分，而且是重要的一部分。那么，如何才能快速把自己从坏情绪中捞出来呢？

不是抵抗、压抑，更不是战斗，**我们不需要和坏情绪短兵相接，而是理解它、接纳它，然后温柔地照顾它，让它变回温顺的模样**。

第一，谛听内心，发觉全部情绪。

如果意识是大脑的客厅，潜意识就是大脑的地下室。当我们忽略和抵抗情绪时，就是强行把前来做客的坏情绪堵回地下室。而日益增多的坏情绪早晚挤爆地下室，那时我们的潜意识就会发生混乱，它会大肆干扰意识，让大脑失控。

如果我们对待情绪能像母亲对待孩子一样，总能及时觉察孩子的异样，无论孩子遭遇什么都不放弃他，对他说"宝贝，让我好好照顾你"，然后抱着安抚他，那么被这样对待的坏情绪就有了被治愈的可能。

因此，想要治愈情绪，你必须拥有敏锐的洞察力，能够及时发觉内心的委屈和抗拒。你可以尝试把注意力放到身体内部，然后放松身体，让身体节奏变慢，一旦慢下来并向内感知，你就能察觉到更多内心情绪的细节。

第二，深观情绪，分析背后的原因。

每一个坏情绪的产生其实都可以理解为自我认知的破坏。当我们感觉那个熟悉、美好的自己被破坏时，坏情绪就来了。

委屈，可能是因为你发现自己的付出不被认同，那个自认努力的自我被打破了。当你感觉委屈时，就想想哪些付出没有收到回报。

焦虑，可能是因为你发现自身能力不够，那个自信满满的自我被打破了。当你感觉焦虑时，就想想自己存在哪些问题和不足。

自责，可能是因为你突然觉得自己是个无用的人，那个攻无不克的自我被打破了。当你自责时，想想哪些事情让你感觉挫败。

生气，可能是因为你认定别人犯了错，那个自认为被善意对待的自我被打破了。当你感到生气时，就仔细想想别人的哪些行为激怒了自己。

嫉妒，可能是因为你发现被原本不如自己的人比下去了，那个自认为优秀的自我被打破了。当你嫉妒时，想想别人哪些地方比自己强。

关注每一个坏情绪背后的"故事"，你自然就能找到情绪的"病因"。

第三，学会五大方案，有针对性地处理情绪。

1. 释放情绪：有时候我们会因为误解而产生情绪，当了解真相时自然就释怀了。真相可能是故事的另一面，也可能是被有限的格局掩盖的"新视野"。所以，让自己更包容、开放地去为人处世，有助于保持好情绪。

2. 升华情绪：把消极情绪转换为积极情绪，比如把压力变为动力。

3. 原谅自己：对于他人导致的问题，不再责怪自己。学会课题分离，明白用别人的错误惩罚自己是愚蠢的行为。

4. 消解情绪：解决坏情绪背后的问题。坏情绪的根源被解决了，坏情绪自然就消失了。

5. 接受结果：对无能为力的事情，做最坏的打算，尽最大的努力。

下面通过一个事例来解释上述方法，以便学以致用。

事件：小李辛苦加班一周整理好了工作报告，评审时被直属领导否定，理由是汇报资料不全。直属领导介绍了她的工作方式，并强行让小李按照她的方式重新整理。老板也认可直属领导的评价，换句话说，小李的辛苦工作被全盘否定了。这导致小李的心情跌落到了谷底。

小李可以试着这么做。

第一，聆听自己的心声，发觉全部情绪。

小李感觉胸口很堵，心情就像灰色调的油画，画中的玫瑰渲染得再艳丽，也无法掩盖灰色基调带来的沉重感。她安静地坐下，放松自己，友善地和坏心情打招呼："嘿，老朋友，好久不见。你好像不太好，到我这里来，让我好好照顾你。"这样的心灵对话能够让小李很清晰地感受到自己所有的情绪。

首先是生气，跟在生气后面的是委屈和挫败。小李闭上眼深深回归内心，于是发觉还有羞涩、失望、迷茫、自责和焦虑等。这些情绪老朋友们一一登场，坐满了小李的心房。

第二，深观情绪，发现每个情绪产生的原因。

小李深呼吸，放缓自己的身体节奏，然后在心里向每一个坏情绪问好，耐心询问它们发生了什么事。坏情绪们七嘴八舌地说开了：

1. **生气**说："他们怎么就想不通，总是不明白我做的和他们想要的一样！"

2. **委屈**立马补充道："一想到一周的努力都泡汤了，我就欲哭无泪。"

3. "就是，被别人否认，真觉得自己很失败"，**挫败**的头都要低入尘埃里了。

4. "直属领导并没有仔细看我写的工作报告，就说我准备的资料不全，这完全是主观臆断！"**冤枉**也不甘示弱。

5. "我发觉直属领导的工作方式比我的方式更可靠。"**惭愧**和**自责**达成一致。

6. **失望**又补一刀："一想到直属领导和我年龄相当，却在自己的专业领域里更加出色，我就好难过。"

7. **焦虑**也连连点头："回想自己的工作生涯，虽然涉及很多工作领域，但是似乎并没有一个专长，自己真的没有安全感。"

8. **迷茫**仰天长啸："我的强项是什么？我喜欢什么？我究竟要在哪个领域深入发展？"

第三，处理情绪。

小李清晰地"听到"了每一个情绪的声音，她开始一一处理。

1.针对生气：小李认为自己没有用领导的语言体系表

达，而只说自己熟悉的词汇，如同鸡同鸭讲，领导不理解也很正常。站在领导的立场上，了解了她的感受，小李自然就不生气了。（换一个角度看问题，就更能理解对方的立场。）

2. 针对委屈：不是所有的努力都能有回报，错误的努力本来就得不到回报，因此自己没必要感到委屈。（用高格局看待问题，释放情绪。）

3. 针对挫败：小李仔细对比了自己和领导的理念，完全一致。她按照领导的高要求检查了一下自己的工作，发现没有遗漏，因此领导不认可自己是领导的错误。小李明白了："不是我不行，只是领导误解了，我不是能力不足，无须感到挫败。"（深入了解自己的能力，消除自我误解。）

4. 针对冤枉：直属领导这么武断，是她的错。自己无须因为别人的错来苛责自己，因此小李对自己说："我还是我，不会因为他人的错误评价就怀疑自己的全部。"（不因为别人的错误而苛责自己。）

另外，小李决定吸取教训，不臆断他人。这是新的收获，小李为这一点感到开心（情绪升华）。小李还发现，即使是领导也会武断行事，真是人无完人，她更觉得无须妄自菲薄，心态也一下子变得更宽容、更坦然了，这也是新的收

获。（情绪升华）

5.针对惭愧和自责：小李承认直属领导的工作方式好，决定向她学习。一想到自己又能进步了，小李非常高兴。（情绪升华）

6.针对失望：小李接纳现在的自己，对荒废时光这件事也坦然接受，因为时光一去不复返，再也追不回。但是，小李制订了一份详细的计划，准备用未来两年的时间恶补，来挽回过去因荒废时光造成的损失。（接受结果并尽最大的努力挽回损失。）

7.针对焦虑：小李开始反省自己的不足。她发觉自己不善于总结经验，也不善于向别人学习。于是她开始每天写一份当日总结，记录当天的进步。另外，一旦发现别人有不一样的工作方式，就做一份对比报告，学习别人比自己好的地方。（解决情绪背后的问题）

8.针对迷茫：小李对自己再次定位，并制订了职业规划，对未来更坚定，更有方向感。（解决情绪背后的问题）

至此，小李的情绪都被处理了。

善待自己的情绪，就是善待自己的身体

结婚才五年的晓慧得了乳腺癌。

五年前，在家人的催促下，她嫁给了我们的同事汪平，当时大家都觉得两人蛮有缘分的，谁知道这竟然是一段孽缘。

单位的年轻人很多，经常玩在一起，各自的情况大家都很熟悉。汪平当时交了一个女朋友，但是家里人一直反对，而晓慧心里也一直暗恋一个人，一直没有表白，直到对方结婚。朋友们开玩笑说："干脆你们俩在一起算了，反正知根知底的，条件都不错。"

虽然是玩笑，晓慧却上了心。她和汪平约定，以一年为期，如果汪平与家人的斗争不成功，他们两人就结婚。

一年后，他们真的结婚了。

刚开始，俩人的关系很好，还经常来参加聚会，后来渐

渐地，两个人都不常来了。有时能见到汪平一个人来，而且只要晓慧电话打来，很多时候都会被汪平挂掉。在汪平挂掉之后，朋友中总有人再接到晓慧的电话，询问："汪平和你们在一起吗？"直觉告诉我们，两人之间出了问题，他们俩不说，我们也默契地没有追问。

直到这一次单位例行体检，晓慧查出了乳腺癌。晓慧崩溃大哭，大家才知道，原来汪平一直没有断掉与前女友的联系。结婚时，碍于父母的态度，汪平有所收敛；两人搬家后，汪平就有些过分了，隔三岔五不回家。

晓慧是个要强、爱面子的人，关于这些事她不愿和别人说，也不愿让寡居的母亲担心，没有提出离婚，把所有的委屈都藏在了心里。这么多年，抑郁、悲伤与痛苦全部累积在她的心里，无时无刻不在攻击她的身体。

医生说，晓慧的病与她的情绪有关。我小时候听过伍子胥一夜白头的故事，总不大相信好好的一个人，怎么可能在一夜之间全白了头发。看着病床上的晓慧，顿时觉得，负面情绪真的太可怕了。

有研究表明，当消极情绪产生时，最先被攻击的是身体的免疫系统。长期的消极情绪积压会导致免疫力下降，导致身体抵抗力降低，疾病就来临了。

有关情绪对身体的影响，《黄帝内经》中早有记载："怒伤肝，喜伤心，思伤脾，忧伤肺，恐伤肾。"

不同的负面情绪，攻击着不同的人体器官。都市白领生活压力大，常存在偏头痛等症状，这是因为恐惧和紧张的情绪影响了肾，而肾主导泌尿系统及肾上腺素，它影响人的精气神。当人心事重重时，会茶饭不思，这是因为人多思，影响了脾胃。

对女性来说，子宫和乳腺方面的疾病与情绪密切相关。情绪暴躁的女生易得子宫肌瘤，卵巢功能衰退；经常生闷气，乳腺方面的毛病就会找上身，容易出现乳腺增生和结节等症状。

中医理论常用"气""心"来解释百病生的原因："百病生于气""百病由心生"。"气"与"心"与人的情绪密切相关，情绪不佳、情志不遂，会造成气血、经络不通。通，则不痛；痛，则不通，病就来了。人们常说："身体比嘴巴更诚实。"尽管你嘴上不说，但你的所思所想、情绪起伏一点不落地被身体忠实地记录了下来。生病，就是这些情绪蓄积到极点后身体发出的呐喊。一个人开心、喜悦，其身体会呈现出向上舒展的姿态；反之，一个人沮丧、失落，其身体也会如秋天的枝叶，僵直无生气。

现代人都特别注重养生，期盼健康长寿，于是办健身卡、喝枸杞茶、吃大量补品……却往往忽视对情绪的呵护。**其实惜命最好的方式不是养生，而是管理好自己的情绪。**

负面情绪产生的原因

有个老婆婆，她有两个女儿，大女儿卖雨伞，小女儿卖草帽。天气好的时候，她担心大女儿的伞不好卖；下雨的时候，她担心小女儿的草帽不好卖，所以她每天都很痛苦。

有人跟她说："你为什么不在晴天想想小女儿的草帽卖得好，下雨天想想大女儿的伞卖得好呢？"老婆婆一想，可不是吗！从此她生活得很幸福。无论晴雨天，她都很开心。

可见，**负面情绪产生的真正原因，不是事情本身，而是人们对事情的看法和态度，以及所持有的观念。**

这让人想起费斯汀格法则，即生活中发生的事情只有10%是自然发生的，而剩下的90%都源于我们对事情的反应。

日本作家渡边淳一在他的书中曾记载了这样一个故事。初出茅庐的渡边淳一曾参加过一个文艺沙龙，认识了一位很有才华的作家A。作为同一批刚入行的作家，他们都遇到过被编辑拒稿的事。

渡边淳一对拒稿一事很看得开。他说，在那种时刻，只能靠说"那个编辑根本不懂小说，发现不了我的才能，真是一个糟糕的家伙"来安慰自己，同时跑到东京新宿便宜的酒吧，埋头喝闷酒。酒醒之后，又重整旗鼓。

而自恃才高的 A 却被拒稿打败了。确切地说，是被拒稿后的负面情绪打败了。"他不是挠头就是叹气，一副阴郁暗淡的神情，根本没有创作新作品的欲望和斗志。"

对待同一件事，不同的人有不同的反应和情绪，而同一个人用不同的角度去看问题，也会有不同的心境。所以，管理自己的情绪，一定要学会转变思维，要意识到情绪和脾气都是可控的，是可以通过后天的训练和学习去改变的。

我们可以尝试通过以下方法，来提升自己控制负面情绪的能力。

1. 培养钝感力

有时，内心的波澜、情绪的起伏，往往源自自己面对外界时的过度敏感。别人没有及时回复信息，就担心是自己说错了话；面对上司怒气冲冲的眼神，就担心是自己犯了错……

或许事实并非如此。

一切负面的感觉，可能只是你太敏感多虑所致。别人没回信息，可能只是因为没有及时看见；而上司生气，可能只是在生他自己的气。

渡边淳一提到的"钝感力"，是对付敏感的好办法。所谓钝感力，就是迟钝之力，也就是要从容面对生活中的挫折和伤痛，而不要过分敏感。通俗地说，脸皮要厚一点，度量要大一点，感觉要迟钝一点。

2. 转移注意力

电视剧《武林外传》中郭芙蓉就是一个脾气很暴躁的人，经常发一些无名之火，伤及无辜，她为此很苦恼。秀才给她出了一个主意，让她经常默念："世界如此美好，我却如此暴躁，这样不好，不好……"几次之后，郭芙蓉发火的次数逐渐减少。这就是通过转移注意力来控制情绪。

除此之外，也可以用数数来转移目标，也可以迅速离开现场，来控制自己发脾气。

3. 养成锻炼身体的好习惯

研究表明，运动会产生多巴胺，这种因子会让人感到快乐。通过运动，我们可以促进体内的多巴胺分泌，消散大脑中的负面情绪。当情绪平顺了，心态阳光了，身体也会如枯木逢春，重获生机。

诗人陆游曾说："心安病自除。"65岁的医生张雷，通过游泳战胜了癌症，还成了游泳冠军。在她的抗癌经验中，"不慌"就是她的法宝。"不慌"，就是情绪平和，坦然面对病症。

乐观的心态和平和的情绪胜过治病的药石，所以爱自己，不光要爱自己的身体，还要关照自己的心情。身随心而动，不勉强自己，不为难自己。美国生物学家威廉·弗雷说过："强忍住自己的眼泪，就等于慢性自杀。"

认真，而不较真，大起大落之时，装一装"糊涂"也未尝不可。理智的"糊涂"化险为夷，聪明的"糊涂"平息矛盾。

生活很美好，人间也值得。你能自救，才能得到命运的救赎。

你的内耗，正在拖垮你的人生

"他回我微信晚了一点，他是不是不喜欢我了呀？"

"我一不小心对领导称'你'，而不是'您'，他会不会对我有意见？"

"连这点儿事情都做不好，我是不是注定是一个失败者？"

在现实生活中，很多人每天都在上演着各种内心戏，自我冲突不断，陷入无止境的精神内耗。

心理学上对"内耗"的解释是：**人在管理自我的时候需要消耗心理资源，当资源不足时，人就会处于内耗的状态，长期如此会让人觉得疲惫不堪。**很多人由于精神拉扯，被生活和工作裹足不前，不知不觉地在自我的围城里蹉跎终生。

你的内耗，正在拖垮你的人生

上学时我有一个"学霸"闺蜜，原本有能力考上重点大学的她最后只考上了一所大专院校。

她跟我分享了当时的经历。

她上初中时，考试成绩常年排名第一，是个名副其实的"学霸"。她被同学羡慕，被老师欣赏，享受着这份精神上的优越感。

进入高中后，来到一个更大的环境。身处众多的优秀者中，她变得不再那么抢眼。她开始担心自己在老师心目中的"地位"，时刻关注着老师对自己的关注程度。上课时，她害怕老师不叫自己回答问题，担心自己无法获得老师的"宠爱"。

这种过度的忧虑在她的心中不断拉扯，导致她听不懂老师讲的内容，成绩慢慢开始下滑。她无法得到老师的偏爱，成绩变得惨不忍睹，在寂静的夜晚躲在被窝里悄悄流泪。伤心难过了一段时间之后，她开始通过幻想来获得内心的慰藉，幻想着成绩又名列前茅了，脑子里还时常浮现被老师表扬的场景。她在忧虑和幻想之间游离，成绩没有好转，高考只考上了一所大专院校。

她所有的能量和心智都被内耗占据，原本应该用在学习上的专注力被消耗殆尽。不切实际地幻想并不能让她从止步不前的泥坑中爬出来。

世间万物，皆有因果。

在虚幻世界里的无谓挣扎，永远无法改变现实中的结果，只会徒增烦恼。

如果你的能量有80%用于内耗，只有20%的能量用于好好生活，自然疲累。**当我们停止内耗，把目标放在重要的事情上，然后一步一个脚印地去行动时，就会惊喜地发现忧虑早已不复存在。**

把目光放在自己身上

豆瓣上有个话题："挣脱他人的目光，是种什么体验？"

有个答案很戳心："当我的目光不在他人身上，而在自己身上时，生活就逐渐明朗起来了。"

是啊，生活中总是有太多的人习惯活在别人的嘴里，画地为牢，而有的人从来不让别人的嘴来决定自己的人生，始终牢牢地把命运握在自己的手里。

演员赵丽颖曾在《星空演讲》中提到，她是一个从否定中成长起来的演员。她演了 11 年的戏，前 7 年一直在演各种配角。在这 7 年里，她不断地听到各种质疑的声音，比如圆脸的演员演不了主角。但是她没有淹没在别人的声音中，她不认为一个演员的价值是用脸型来定义的。她默默地在每个角色的塑造上下功夫，等待机会出现。她一直没有停下前进的脚步，一年 365 天，她在剧组要度过 300 天以上。功夫不负有心人，她现在成了大众喜爱的一线女演员。

《增广贤文》中有一句话："谁人背后无人说，谁人背后不说人。"质疑的评价、否定的声音无处不在。当你落魄不堪时，别人对你的评价多是否定的；当你风生水起时，别人的眼光多是认可和恭维。别人对你的评价只会基于他所看到的现在的你，你想要的尊重和褒奖是靠你脚踏实地去一点点堆积起来的。**自己的价值永远是靠自己创造，而不是由别人的评价和眼光决定的。**

漫漫人生路，不被他人的评价左右，遵从自己的内心，朝着目标一点点行进，才是正确的生活姿态。

把精力用在对的地方

内耗的人都有两个"自己"，一个"自己"想要努力往前走，另一个"自己"则拼命扯后腿，站在原地不动弹。想要跨越这种阻碍，获得内心的自由和无限的能量，不妨借鉴以下3种方法。

第一，区分事实和观点，养成独立思考的习惯。

在人际交往中，我们总是把别人的看法看得异常重要，以至于它就像一个无形的牢笼，时刻束缚着我们的思想。

很多时候，每个人的看法都或多或少地带有主观色彩，都是以自己的好恶去评判别人的好坏。"评判"和"看法"都属于主观观点，有时并不是事实，缺乏客观和公正性。

因此，面对别人的评价，要学会从更大的角度去区分观点和事实，以免被带偏。如果对方说的是事实，我们就虚心接受，有则改之，无则加勉。只有这样，你才不会被外界影响，才能把大部分精力用在提升自己上，才有更多能量去追求事业上的成就。

第二，提高执行力，用行动对抗焦虑。

正如作家松浦弥太郎所说："那些经常困于不安和焦虑的人，往往有对未来想太多的毛病。"很多时候，**烦恼和焦虑的产生，就在于我们想得太多，做得太少。**

还没行动，就担心前路太坎坷，害怕过不了难关，思前想后，终究一事无成。事实上，没有行动，你遇到的所有的挫折、困难和失败都是臆想。只有行动起来，你才会得到外部真实有效的反馈，有问题就去改进，有障碍就去跨越。这时候开始的恐惧和担忧就会被满足感所替代，从而生长出一往无前的信心和勇气。渐渐地，你与他人的差距会逐渐拉开，想要的未来也会慢慢抵达。

第三，拥有接纳自我的勇气，敢于直面恐惧。

很多人对自己的不完美耿耿于怀，终其一生无法接纳自己的平凡。但命运从不会厚此薄彼，当它为你关上一扇门时，也一定会为你开一扇窗。而要找到这扇窗，前提就是要接纳自己。

接纳自己并不是向自我妥协，对命运俯首称臣，而是学会放下，对自己的不完美释怀。接纳自己的不完美，勇敢揭开困扰内心已久的伤疤，拒绝在无意义的事情上消耗时间和精力。只有这样，我们才能挖掘自己更多的可能性，开启人生的新大门。

＊　＊　＊

心理学家武志红曾说："我们的思维像孙悟空一样，一个筋斗可以翻越十万八千里，而身体就像唐僧一样，必须脚踏实地才能到达西天取经。"

深陷焦虑、担忧、精神内耗，会一点点将能量消耗殆尽，让自己成为行动上的矮子。

我们最大的敌人其实是自己的内心。被精神内耗裹挟的内心就像一匹挣脱缰绳的野马，令我们心神不宁。

不把过多的时间和精力花在纠结、焦虑上，是成年人最大的自律。任何时候，**你都是自己内心苦痛的制造者，也是唯一的终结者**。

愿你能减少内耗，收获快乐和自洽，拥有一个自己说了算的人生。

少做任意索取的加法，多做当断则断的减法

美国作家莱迪·克洛茨曾提出一个发人深省的问题："为什么有些东西不能使任何人的生活变好，却不将它们去除？"

的确，人们常常陷入一种思维误区，以为拥有的越多，可选择的就越多，出路也就越多，于是，什么也不肯丢下，什么也不肯放手。然而，真正能让人走远的，不是任意索取的加法，而是当断则断的减法。

敢于取舍，果断割舍，才是一个人强大的开始。

真正厉害的人，都懂得割舍这 3 点：社交太杂、目标太乱、物欲太重。

社交太杂，浪费时间

作家李尚龙的经历，让人印象深刻。

李尚龙在上大学时，酷爱社交，他参加了三个社团，每次社团活动必有他的身影，他还热衷于留别人的电话号码，将其当作炫耀资本。

一次，李尚龙结识了一位老师，听说老师在晚上值班，便特意在那个时间提了两袋水果，去和老师拉近关系。他写入党申请书时，满怀期待地请这位老师帮忙，只得到冰冷的两个字回复：没空。

多年后，李尚龙成为一名英语老师，在深夜接到这位老师的电话。一阵寒暄后，老师才表明自己的真正目的——让他推荐一位靠谱的老师，给自己的孩子上课。

这位老师曾拒他于千里之外，如今却笑脸相迎，有求于他。这时，李尚龙才如梦初醒，**一切有效的社交都建立在等价回报上，不能给对方回馈价值的社交，不过是无效社交。**

生活中，有多少人和上大学时的李尚龙一样，痴迷于找人脉、混圈子，想掌握更多信息，获得更多好处，最终却一无所获？

很多人信奉"多个朋友多条路"，于是游走于各种各样的社交场合，四处结交"朋友"，误以为那就是人脉，那就是多出来的"路"。但真正的"路"都建立在自身优秀的前提下，否则这种情谊就是酒桌上的虚情假意，人们戴起面具的逢场作戏。

社交不是越多越好，相反，社交太杂、太盲目，反而会使人忘记提升自身价值，陷入"唯社交论"的误区。

每个人的时间都很宝贵，正因如此，我们才要把时间和精力花在更加值得的人和事上，趁早学会精减无效社交。

目标太乱，浪费精力

有一段时间，我得了神经性耳鸣，苦不堪言。从心理层面来看，这跟我想要的太多有很大关系。

在上班的同时，我还要兼顾写作、做自媒体账号这些事。其实，我也明白自己的精力和时间有限，只能专注于一个领域，但我盲目地自信，认为自己能同时把几个领域的事情做好。结果，那段日子的我不停赶场，写作时，本应沉下心来好好做选题、写框架，但我写着写着，又想着自媒体账号该更新了，于是又慌乱不已地随便写一些内容，凑合着更新。

就这样，想达成写作的目标，也想完成更新自媒体账号的任务，于是，我经常在赶来赶去中忙到半夜才睡觉，而这又导致我白天上班时哈欠连天，眼睛酸涩。直到有一次工作时，我误报客户的信息，造成了严重的工作失误，被老板劈头盖脸地一顿骂……再后来，由于睡眠不足、作息不规律，我整个人每天都太过紧张，导致我耳边总有一个声音嗡嗡作响，它仿佛扎了根，赶也赶不走。最后看了医生才知道，我患上了神经性耳鸣。

分身乏术的我最终什么都没兼顾好，一败涂地。写作没有写出好成绩，自媒体也没有做出成果，最后还要搭上医药费治病。

我的经历，何尝不是很多人的真实写照？想拥有的越多，越一无所有，想兼顾很多领域，到头来落得一场空。

目标并非越多越好，它是成事的底牌，但不是成功的关键。

成功需要你逐渐剔除杂念，知道把重心放在哪个地方，知道该舍弃哪些人和事，而后做到精准发力。如果你的野心很大，想快速成功，这固然没错，但不能不顾及实际情况，人无法一口吃成个胖子。不懂得精简目标，量力而行，只会付出更多代价，得不偿失。

物欲太重，耗费心神

在央视纪录片《生活的减法》中，整理师夏夏遇见一个让人印象深刻的房主。夏夏刚走进房主的屋子，就被眼前的情景惊呆了：家中的物品胡乱叠放，毫无落脚之地，走进卧室，衣服堆成小山，堪比垃圾场。

房主说，她为了搭配衣服，经常买下一款鞋子的所有颜色。这一疯狂举动遭到全家的反对。可就算遭到反对，她仍然做贼一样偷着买，并藏在各个角落。直到有一次，房主女儿蹦蹦跳跳，哼着小曲走了一路，可回家后，瞬间满脸愁容地说："我们家的东西太多了，好乱呀。"

那时，房主突然发现，自己上瘾的物质欲给家人带来了许多烦恼。于是，她便请整理师上门帮自己断舍离。

断舍离的过程可谓艰难万分，可一想起女儿，房主还是咬咬牙，扔掉所有杂物，用这种方式来克制物质欲。断舍离，不止在割舍物品，更是在割舍内心的欲望。其实，对于房主来说，扔掉房子里的杂物只是断舍离的第一步，降低对物质的欲望才是断舍离的关键。唯有斩断对物质的过度欲望，才能从容不迫，真正过好当下的生活。

让人感到很庆幸的是，纪录片的最后，两个月后，房主的家中干干净净，没有新添衣物。她成功地克制住了物欲，告别了凌乱不堪的生活。

纪录片《人类》中有一句话："我们创造了很多不必要的需求，你不得不一直买东西，然后又丢弃，这就是我们挥霍的人生。"

过多的物质可以弥补我们内心的空虚，换来几分心安。但当物品蒙了灰，变成一堆废品时，你还会觉得这些消费真的有意义吗？**如果无力抗拒内心的物质欲，那么无论拥有多少物质，日子都很难变得有滋有味。**

✳ ✳ ✳

很赞同一句话："不是所有的事都适合你，也不是所有适合你的事都该去做。八条线拴着你，你能跑多远？"欲望永无止境，所求之物永无尽头。唯有用破釜沉舟的毅力，筛选身边的人和事，方能走得长远。

精简社交，才有精力专注自我，积累资本；精准目标，才有时间求真务实，有的放矢；精选物质，才有心神梳理自己，活好当下。

所有成功的背后都藏着孤注一掷的决心和一条路走到头的耐心。那些离开的、丢失的、放弃的，会以更大的福报返还给自己。

一个人废掉的标志：长期接受碎片化信息

在这信息爆炸的洪流中，让一个人废掉最快的方式是什么？就是让他长期接受碎片化信息。

再聪明的人，如果每天只是机械性地接受知识，而不去主动思考，时间一长思维也会变得迟钝。

在刷短视频的过程中，我们以为自己获取了许多知识，然而知道并不等于得到。这些碎片化信息会让我们难以定下心来，而停下思考的步伐。当一个人停止思考时，他的思维也会变得狭隘，不再进步。

真正厉害的人，不会成为碎片化信息的傀儡，而是利用有效信息提升自己。

长期接受信息化，是一场灾难

生活中你是否遇到过这样的人？无论是历史、新闻资讯，还是金融经济、娱乐八卦，他们都有所涉猎；不管谈到什么话题，他们都能侃侃而谈，说上几句，这些人的知识储备似乎总是比身边的人多出许多，可真正了解之后，却发现他们只是知道而已。

好朋友小文就是我们身边的"百事通"，她是一个时尚达人，对娱乐新闻比较留心，各种娱乐八卦、明星新闻就没有她不知道的，还经常在朋友圈分享她知道的消息。

刚开始，她还很开心，时间一长，小文发现这些信息已经影响到了她的生活和工作。上班时，小文总是每隔几分钟就翻看一下手机，因为此事，她都被领导批评了好几次。生活中，她随时随地刷短视频，看各种新闻，生怕自己错过了什么大事。

长期接受碎片化信息，看似增长知识，其实对我们而言也有弊端。一味地接受碎片化信息，对我们来说是一场灾难。一个人只有将知道的知识内化为自己的东西，才能真正做到学以致用。读书可以给你思考的空间，而刷短视频等碎片信息不能。

段永平曾说："大学毕业后想不起来看完过任何一本书，书看太多也不一定好，重要的是你能够理解。"在平时工作中，他会了解自己的不足，通过书籍、演讲来有目的地获取知识。而且他会将学到的理论和方法用于自己正在进行的项目之中。也正因如此，他成为一名杰出的商业领袖，跻身全球富豪榜。

在这个信息爆炸的时代，我们更要知道自己应该知道什么。平庸的人摄取大量信息，停留在"知道"的层面；优秀的人筛选有效信息，更新自己的思维，提升自己的认知。

不是接收的信息太多，而是思考得太少

在信息爆炸的时代，我们能够轻松地获取更多的信息，但是留给自己思考的时间越来越少。这些零散的碎片知识正在悄悄地削弱我们的思考能力。一个懒得思考的人只能成为"知道分子"，而无法成为"真正的知识分子"。

读书也是一样，去年我给自己制订了一个读 52 本书的计划。每周读完一本书，我就把书放回书架。写年终总结的时候，才发现这 52 本书的内容我已经忘得差不多了。直到看了《如何有效阅读一本书》，我才明白如果没有将知识消

化理解，那些知识就不是自己的。只有将学到的知识加以理解，思考这些知识可以运用到生活中的哪些场景，我们才算真正掌握了这些知识。我开始通过复述书中的内容、写读书笔记和书评来消化书中的知识，锻炼自己的写作能力。

听过这样一句话："大脑中走得越远，现实中才能走得越稳。"加深思考的深度，才能打破思维的局限。

投资家冯仑曾在一次演讲中分享了一家牙膏公司提升牙膏销售额的故事。在这家牙膏公司的市场份额已经连续4年两位数增长的情况下，销售总监提出一个目标，希望牙膏年销售总额提升20%。大部分员工抱怨这是没办法实现的目标，一些部门经理加快新产品研发，制定牙膏促销方案。

两个月过去了，牙膏的销量并没有发生什么变化。而新来的实习生在了解牙膏市场竞争情况后，发现改变牙膏的价格或技术并没有什么优势。于是，他根据消费群体的刷牙习惯，提议将牙膏口径扩大到6毫米。这项不需要研发资金的方案，增加了消费者每次的牙膏使用量。一年后，这家牙膏公司的牙膏销售量增长了32%。

平庸的人会停留在接收信息的浅表层面，而不去思考背后的原因。我们改变不了自己所处的环境，但可以改变自己对待信息的处理方式。加深思考深度，我们才不会沦为信息的傀儡，成为快餐信息回收站。

真正厉害的人都在过滤信息，深度思考

真正厉害的人，没有在信息的巨流中失去独立思考的能力，而是抓住机会提升自己。

在这个人人都玩智能手机的时代，李健是个特例，他不用智能手机，也没有微信，只有一部老式的诺基亚手机，和家人联系也是靠短信。

李健说，智能手机的功能太多，诱惑也会很多，会导致他分心，无法专注创作。他把时间都用在了音乐创作上。他会经常读书，从书中寻找音乐的灵感，将书中故事与音乐结合起来，走出了独属于自己的音乐路线。后来，李健创作出《传奇》《风吹麦浪》等多首音乐作品，成为大家熟知的"音乐诗人"。

很喜欢一句话："思考才使我们阅读的东西成为我们自己的。"你知道的知识并不等于就是你的，它们只是暂时存放在大脑的某个角落里。平庸的人只会被动地接受知识，优秀的人懂得过滤掉无用信息，吸收有效信息。**深度思考是我们对抗信息洪流的能力。**

爱因斯坦说："学习知识要善于思考，思考，再思考，我就是靠这个方法成为科学家的。"

在信息爆炸的互联网时代，别让自己成为不会思考的信息回收站。与其被动接收大量信息，不如屏蔽掉无效信息，筛选出有效信息。闲暇时，常读书，多运动；做事时，给自己营造深度思考的空间，消化接受的碎片化信息。你如何处理接收的信息决定了你的思维方式。

愿我们都能够在信息的长河中，守住自己的内心，不被碎片化信息干扰，做自己人生的主人。

真正厉害的人，都懂得"过滤"人生

你有没有过这样的经历？

一打开手机，就完全沉迷其中，根本停不下来；

听别人议论，就开始反思自己，觉得需要改变；

和他人相处，即使过得不开心，仍旧费力维持。

最终的结果，只是给自己徒增负累。

其实，**幸福的人生，是"过滤"出来的**。

学会给生活加个过滤网，过滤掉无用的信息，不在意无理的评价，不强留费劲的关系，才能腾出更多的空间，保持内心的安然和清净。

过滤无用的信息，不必太沉迷

曾看过一句话："我们不需要知道许多信息，只需要知道与自己的生活有关的东西。"

深以为然。信息大爆炸时代，我们似乎习惯了不经筛选，就全然地接受各种信息。殊不知，凡事过犹则不及。**多余的信息不仅容易扰乱内心的秩序，还会影响正常的生活**。

曾听过一个网友的故事：她的朋友小Ａ常常抱怨工作好累。网友一脸疑惑，体制内的工作不是最轻松吗？直到听了小Ａ的解释，网友才明白。原来，小Ａ早上到单位后，正准备登录系统，电脑弹出消息"某某明星又出轨了"，好大的瓜，点开看看，看完，半小时过去了。刚刚登上系统，听到同事讨论周末去玩，就直接凑上去了。刚工作一会儿，姐妹发来消息："直播间衣服有大优惠。"小Ａ又打开了直播间，一刷就是大半天。下班时，小Ａ才意识到，工作还没完成，一想到晚上还要加班，顿时身心俱疲。

人就像一个木桶，容量是有限的，倘若接收过多的信息，会把自己累垮。唯有学会过滤掉不用的信息，才能过上悠闲自在的生活。

伊拉娜·穆格丹曾参加过一场活动，一年之内，她只能使用一部老式的翻盖手机。此前，伊拉娜完全离不开智能手机。因此，比赛刚开始时，伊拉娜非常不适应。可仅仅过了一周，她就惊喜地发现，生活发生了翻天覆地的变化。她的工作效率提高了2倍，还用了半年的时间，读完了30本书。更神奇的是，她的人际关系丝毫没有受到影响，而且因为每天打电话聊天，关系反倒比之前更好了。活动结束后，她感慨："之前刷了那么久的手机，实在是浪费时间啊。"

作家刘同曾说过："你把时间花在哪里，人生的花就会开在哪里。"

在网络世界里，我们总是沉迷于有趣的信息，无心平静地思考。于是，大脑里的东西越来越多，生活也越来越乱。只有屏蔽掉了那些垃圾信息，我们的生活才会变得简单，才能活出人生的意义。

过滤外界的闲言，不必太焦虑

电影《火影忍者》里有句经典台词："如果有人在背后议论你，那只能说明你活得比他们精彩许多，冷嘲热讽是对你的赞赏，闲言碎语是为你的精彩鼓掌。他们不过是在为你歌唱胜利的赞歌。"

生而为人，我们都无法像人民币一样，做到被所有的人喜欢。**面对他人的闲言碎语，一笑而过，人生之路才会越走越宽。**

1999 年，余秋雨被邀请担任纪录片《千禧之旅》的主持嘉宾。一名作家却去当一个主持人，这引来了很多人的不满和诽谤。甚至，有 1800 多篇文章谩骂余秋雨，说他"不入流""沽名钓誉"等等。面对外界的诸多闲言，余秋雨并未做出任何回击，只是淡淡地说了句："马行千里，不洗泥沙，自己的路还很漫长，哪有闲情去理会沾在身上的这些小污点。"

过了几年，他的《文化苦旅》刚刚出版，又出现了各种不堪的声音。有人给他的文章挑出上百处错误，说他自作新词，文章尽是堆砌华丽的辞藻，没有任何实质性的内容。

有人批评他"滥情"，说他的文字太肉麻，没有所谓的"崇高感"。甚至有人说他不尊重文化，说他是文艺界的耻辱，是中国人的悲哀。但余秋雨毫无波澜，不在意任何人的评价，而是继续按照自己的节奏，写文章，读作品，过着和平常一样的日子。慢慢地，随着时间的流逝，这些声音从他的生活里消失了。

韩寒曾在《我所理解的生活》里写道："做事是你的原则，碎嘴是他人的权利。历史只会记得你的作品和荣誉，而不会留下一事无成者的闲言碎语。"

人生活在这个世界上，无论处在什么样的位置，都逃不开他人说长道短。你若是放在心上，它就成了一种困扰，阻碍你前进的步伐，让你寸步难行。当你把它当成人生的过客，不去理会它的来来去去。你会发现，你掌控了生活的主动权，不再受到外界的影响，成了自己人生的主角。

过滤费劲的关系，不必太用力

知乎上曾有个热门提问："如果你和朋友在一起，感觉到越来越累，要不要选择分开？"

有个高赞回答是："道不同不相为谋，若是感觉太累，说明这不是一段好的关系，那就一别两宽，各生欢喜吧。"

最好的感情是聊起天来毫不费劲，彼此都感到舒适。**但凡让你用力去维持的关系，都是错的关系**。坚持下去，只会是一场灾难，让你倍感无力。趁早放手，只留下相处舒心的人，才是最明智的选择。

有个网友，刚上大学时，很喜欢班里的一个女孩，就常常去宿舍找她聊天，周末也时不时邀请她出去逛街游玩。一来二去，两个人走得越来越近。但很快网友发现，自己虽然掏心掏肺，对方却表现得不冷不热。而且，两个人在很多地方的三观都不一样，甚至出现严重的分歧。

她喜欢看电影，女孩却说看电影浪费时间，还不如多看几本书。她提议一起去街边吃烧烤，女孩却说，街边的东西都是垃圾食品，一点都不卫生，有什么好吃的。她和男朋友分手了，十分伤心，哭得泪流满面，对方却说不就失个恋，有什么大不了的，何必这么难过。

每次聊天，网友都得谨慎选择话题，生怕聊到对方不喜欢的事，惹得对方不开心。一起出去吃东西时，也要提前看好菜谱，避免点到对方不喜欢吃的菜。渐渐地，这位网友感到越来越累，只好选择结束这段关系。

曾有人做过一个统计：全世界有 75 亿人，那么，一个人的一生会遇到多少人呢？真实的答案是：2920 万人。

一生漫长，我们会遇见无数的人，交到无数的朋友。但不是每个朋友都会让你感到舒服和开心。有些感情会因为双方观点不同，让你觉得精疲力竭。**当你遇到一段费力的关系，不如学会放手，坦然离开**。把更多的精力，留给值得的人，才是生命最好的状态。

真正厉害的人，都懂得"过滤"人生

山下英子曾在《断舍离》里写道："想要让生活变得快乐，最有效的途径就是过滤掉那些'不需要、不合适、不舒服'的东西。"

人生是一段漫长的旅行，需要不断删繁就简，去掉多余的东西。过滤无用的信息，把时间留给成长，才能越活越轻松；过滤外界的闲言，把好心情留给自己，才会越过越喜悦；过滤费劲的关系，把真心留给知己，方能越处越舒服。

往后余生，愿你学会"过滤"自己的人生，保持内心的简单，过自足安稳的人生。

第二章

屏蔽他人的情绪污染

* * *

戒掉反驳欲，时常自省，才能清楚自
己的优势；扔掉坏脾气，稳定情绪，才能
修炼自己的潜能；修好屏蔽力，专注自我，
才能提升自己的水平。

戒掉反驳欲，扔掉坏脾气，学会不在意

作家莫言在获得诺贝尔文学奖后，非议不断。

一次，他回家看老父亲，父亲在全家人面前说："以前，我觉得我和村里的人是平起平坐的，现在你得了奖，我反而要处处让着他们，表现得比他们矮一头。"莫言自己也有这样的体会。后来，面对外界的质疑和诋毁，莫言选择了沉默，不去反驳和争论，转而潜心创作，用一部部新作品来沉淀自己，抵御外界的声音。

杨绛说过，世界是自己的，与他人毫无关系。

当一个人的见识达到一定程度，就会明白，**遇到不懂自己的人，不必去解释；遇到自己不懂的人，试着去理解**。那些活得通透的人都做到了戒掉反驳欲、扔掉坏脾气、提升屏蔽力。戒掉反驳欲，时常自省，才能清楚自己的优势；扔掉

坏脾气，稳定情绪，才能修炼自己的潜能；修好屏蔽力，专注自我，才能提升自己的水平。

戒掉反驳欲

吴伯凡老师讲过一段自己的经历：有一次，他去外地讲课，来听课的都是创业者。在课后互动环节，他发现提问者大致可以分为两类。一类提问者提出的问题都很深入，是在认真听课后结合实际经历产生的困惑。另一类则不同，所提问题和创业无关，他们关注的是课堂中某些无关紧要的细节，以此提出反对意见，表达出"我比你厉害"的姿态。

纽约大学教授塔勒布说过：世界上有两种人，一种人想赢，一种人想赢得争论，他们从来都不是同一种人。想赢的人，目光长远，不在意眼前一时的输赢；想赢得争论的人总是在无关紧要的事情上，盲目追求所谓的胜利。

生活中，总有爱反驳他人的人，无论别人说什么，他们的第一反应都是否定。他们从不考虑言语是否得当，只要赢在嘴上，便以胜者自居。殊不知，**强者善于示弱，只有弱者才需要逞强**。

心理学家荣格说过："向外张望的人在做梦，向内审视的人才清醒。"比起喋喋不休，适当闭嘴更利于积蓄力量；比起凡事争赢，懂得进退更有姿态。

水深不语，人稳不言。**真正的强者，从不在别人嘴里沦陷，只在自己心中修行。**

扔掉坏脾气

英国"鬼才"作家劳伦斯成名前在一所小学教书，业余进行文学创作。劳伦斯有文学天赋，他写的作品质量都很高，可是由于他性格孤僻，不善沟通，作品从未发表过。这种状况，只有他的朋友珍妮清楚。每次与劳伦斯交谈完，珍妮总会带走部分手稿。

有一天，劳伦斯得知畅销杂志《英国评论》公开发表了自己的一首诗。他气愤极了，立即去见珍妮。刚见面，劳伦斯就大发脾气，他指责珍妮心思歹毒，并说自己永远不会和欺世盗名之辈当朋友。

当天下午，劳伦斯却接到《英国评论》杂志主编胡佛的电话，对方对劳伦斯大加赞赏，希望劳伦斯多投稿。劳伦斯懊悔不已。原来珍妮带走手稿，重新整理，然后全部寄给了《英国评论》杂志，劳伦斯才因此得到了主编胡佛的赏识，最终成为英国文学史上的鬼才作家。

常言道，一怒之下踢石头，只会痛着脚指头。很多时候，发脾气不但解决不了问题，还会让事情变得更糟，使局面一发不可收。

脾气如同一匹桀骜不驯的野马。你若能驾驭它，它就甘心为你所驱使；若不能，它便想方设法把你摔下来，阻挡你前进。

读到过这么一句话颇为赞同："一个人强大的标志是什么？有脾气但不乱发脾气，有情绪但不情绪化。"不乱发脾气，是在理性平衡之后做出的最佳选择。

忍得一时之气，免得百日之忧。当你足够通透时就会明白，任何时候，人都不能被脾气控制，而要学会控制脾气。

学会不在意

歌星金·奥特雷出生于美国西部得克萨斯州的乡下。在一次演出中，奥特雷的得克萨斯口音引发观众哄笑，甚至有人大声喊他"会唱歌的乡下佬"。奥特雷感到羞愧，决心改掉乡音，于是说话、做事都模仿城里的绅士。他自称纽约人，与人交流时一举一动都小心翼翼。可是，他的矫揉造作之态，更加使自己沦为笑柄。

朋友开导他，不要在别人的眼光里寻找认可，否则永远悲哀；也不要在别人的嘴巴里找尊严，否则永远卑微。奥特雷逐渐意识到，每个人都有自己的优势，一味迎合、模仿别人，不但学不到真本事，还会丢了真正的自己。

巧厨难烹百人宴，一人难如千人愿。有时候，我们之所以不开心，正是因为过分在意别人对自己的看法。事实上，评头论足不过是闲人的消遣方式，在他人眼中，你并没有自己想象中的那么重要。

周国平说过："我从不在乎别人如何评价我，因为我知道自己是怎么回事。如果一个人对自己是没有把握的，就很容易在乎别人的评价。"我们永远不可能让每个人都满意。我们无法阻止不好的声音，却可以堵住自己的耳朵。不舒服的关系，该断就断；低质量的圈子，当离则离。

很多时候，那些生活快乐的人，只是比你更懂得不在意。一位哲人说过："人生，是一个不断修炼并完善自我的过程。"要想成为更好的自己，就得不断地改善和成长。

往后的日子里，去做你喜欢的事，坚定地热爱，全力以赴地提升自己。

不抱怨、不争辩、不炫耀，才是成年人的成熟

在一生中，人们会经历火热的夏天，到达人生巅峰，也会经历严寒的冬天，落入人生低谷。人若一直站在顶峰，便容易得意忘形；一直处于低处，便容易自怨自艾。

真正有智慧的人早就参透了人生起伏皆为常态。在春风得意时，他们不炫耀；在落魄失意时，他们不抱怨。他们把每个下坡和上坡的阶段视作蓄力的机会，不争辩、不抱怨，只顾埋头深耕。

如果你在过去没有参透这个道理，那么从现在开始不妨换一种清醒的活法，失意不怨，蓄力不辩，得意不炫，这样即便所遇风浪再大，你也一样能稳坐如山。

失意时不抱怨

一个只懂抱怨，不懂反省的人注定走下坡路。人这辈子总有不顺心的时候，也总免不了发泄情绪，但负能量一旦过了头，只会害人害己。

宋代有一位叫沈唐的文人总爱发牢骚，最终祸从口出。此人在楚州任职时，当地遇上蝗灾，知府大人让他处理，他却写了首词表达自己的抱怨。谁知这首词传到了知府的耳朵里，他因此获罪，背负罪名30年。后来，沈唐的人生起起落落，在被派到偏远地方当官时，又抱怨那里太远。此话被帮助过他的同乡听到后，又把他骂了一顿。在因抱怨吃过几次亏后，沈唐这才悻悻地闭上嘴。

心理学上有一个现象叫"自证预言"，指的是越相信什么，就越可能发生什么。抱怨非但不能改善现状，还可能招致恶果。唯有多向内求索，少抱怨外在，并付诸行动，好运才能降临。

清末首富胡雪岩幼时因家境贫寒，时常食不果腹。从小是放牛娃的他在做学徒时，不论多劳累都不曾埋怨过。三年后，他被钱庄的掌柜看重，并得以积累到了人生的第一笔财富。待他衣锦还乡，他又特意到镇上的饭店吃饭，并点了一碗当年自己常吃的便宜的杂烩菜。吃完以后，他叹了口气，说："好久没吃过那么难吃的菜了。"

饭店老板便说："胡老板如今发财了，自然瞧不上这些饭菜了。"胡雪岩说道："不，当年我也觉得很难吃，但我知道抱怨无用，只有当努力挣钱，吃上了好的食物时，我才有资格说它不好吃。"他的成功并非来自运气，只是把抱怨的时间都花在了行动上。

荀子曾说："自知者不怨人，知命者不怨天，怨人者穷，怨天者无志。"

天有不公，众生皆苦。人只要活着，就各有各的难处。但一个人对待失意的态度，决定了他所能到达的高度。愚者选择困在怨恨当中，智者选择积极向前，与其抱怨，不如改变。

蓄力时不争辩

听说过这么一个故事：

秀才和农夫是邻居。秀才读了几年圣贤书，农夫则目不识丁，两人常因想法不同而争论半天。秀才的娘子曾劝他不要争吵，秀才却咽不下这口气，非要证明自己才是正确的。如此日复一日、年复一年，他的学业都在和人吵架中耽误了，一直考不上举人。

有一次，农夫路过秀才家门口，故意说道："读书又有啥用啊？"秀才听到后，表示不服："读书当然有用！"两人谁也说服不了谁，于是又吵了大半天。此时刚好一位智者经过，他们就把他拉过来，让他评评理。秀才本以为自己赢定了，谁知智者了解事情的经过后，只是微笑着说："确实没用。"

农夫大笑而去。秀才困惑地问："大师，您怎么能说读书无用呢？"智者答道："读书有用或无用，在不同的人心中答案自然不同。在不识字的农夫看来，种田当然比读书重要；但在读书人看来，读了书才能考取功名。你和他的争吵本就毫无意义。既然如此，你还不如多花时间读书，要不然，如今也不会只是个秀才了。"秀才听到后，感到非常羞愧。

吵架对错输赢都没有意义，只会浪费彼此的生命。与其与人争辩，不如把争论的时间用在提升自我上。

哲学家王阳明在平定"宁王之乱"后，被朝中不少人诽谤。有的人诋毁他谋反，有人则称他的心学是"异端邪说"。

王阳明不予理会，更不辩驳，只顾潜心讲学。在晚年时，他的阳明学派逐渐成为主流思想。

这一生，总会遇到你看不惯的人或看不惯你的人。与他人争论，注定只有输家，没有赢家。听过一句很有道理的话："任何消耗你的人和事，多看一眼都是你的不对。"唯有提升自己的实力，才能攀上高峰；也唯有站在高处，才能俯视不服你的人。

人生路漫漫，切莫让不和谐的声音扰乱了自己的心神与步伐。

得意时不炫耀

《道德经》有言："木秀于林，风必摧之。"

这世上，很少有人愿意看别人比自己过得好。

当你炫耀时，看似一时满足了虚荣心，却可能招惹是非。法国的财政大臣富凯为了讨国王路易十四的欢心，精心策划了一场宴会。在这场宴会上，他不遗余力地展示了自己的财力和能力。他邀请了欧洲最知名的学者和贵族到场，还请剧作家莫里哀为这次宴会编写了一个新剧本。宴会上的装潢、家具摆设及美食佳肴，都是他命人精心准备的。在这场豪华晚宴上，宾客们不断发出惊叹，而富凯也不禁沾沾自喜。

可到了第二天，路易十四便以窃占国家财富的罪名将他关进牢里，永不释放。富凯这时才得知，原来他所炫耀的一切都深深刺痛了国王的心，路易十四不允许任何人的光辉超过自己，炫耀招致了这场祸事。

幸福学认为，人的本性是不满足。而炫耀的本质就是利用自己比他人优越之处来张扬地宣示，以此获得自我满足感。炫耀不仅会引来嫉恨，更突显出一个人极度匮乏的自信。越爱炫耀的人，往往越自卑；内心越强大的人，越是低调谦逊。

有些能力不必处处吹嘘，有些成就也不足为外人道。你的本事和脾气有多高，旁人心中自有定夺。

金子在哪里都会发光，明珠即使藏在暗处也会熠熠生辉。强者从不靠自己的嘴巴来标榜自己，只凭自己的实力使别人信服。

张扬必遭人嫉妒，低调才能聚人气。人生得意时，学会低调，不仅能保全自己，更可修炼内心。

＊　＊　＊

看过这样一句话："人生如同走路，要有足够的耐心。"人生这条路，走得最远的未必是走得最快的人，但一定是最能稳住内心的人。当走到低谷时，切勿抱怨，向内求索；当爬坡蓄力时，切勿争辩，深耕自己；当登上高峰时，切勿炫耀，保持低调。只有保持清醒的头脑，才能在遇到成败得失时，淡然处之。

人生之难，或许并没有你想得那么难，大不了从头来过，再创辉煌。

跟爱的人较劲，是很怂的表现

关系里，每个人都是自己情绪的源头

昨天，表妹打来电话，说要离婚，实在受不了自己没教养的老公。

表妹去年结婚，婚后没多久，就和我控诉老公的各种不良行为，比如吃饭声音太大，挤牙膏总是从上面开始，浴室的灯老忘记关……这些稀松平常的小事，表妹看在眼里，放在心上，甚至为此抓心挠肺，有时候憋不住了就口出恶言，对老公百般指责。表妹为什么会因为这些事情生气？

表妹小时候家里很穷，父母又重男轻女，表弟出生后，表妹成了家里多余的一个。父母话里话外地挤对她，说因为她家里要揭不开锅了，女儿就是赔钱货……

在这种环境中成长的她吃饭不敢发出声响，吃面条时，她拿筷子卷啊卷，把长面条变成短面条，才敢张开嘴放进去；她的每一个动作都小心翼翼，战战兢兢，用完灯立马关，挤牙膏一定是从下往上。

谨小慎微地控制每个动作的声音的她，对能肆无忌惮发出声音的弟弟存了怨气。这些情绪被她携带到亲密关系中，就表现为对丈夫类似行为的零容忍。

亲密关系专家克斯多夫孟说："所有的事情事实上都没有好坏之分，但是当你感到悲伤时，你就会用悲伤的心去诠释所遇到的事，你认为先有事情的发生，才有情绪的产生。事实上，先出现的是你的感觉和情绪。"

人的所有感受与情绪早就存在于体内，事情的发生不过是导火索，再次把深埋的感受和情绪引爆，如果自己不去积极面对，这些感受和情绪会一直存在，对后续的关系和生活产生扰乱和影响。

荣格说，我们所看到的外在世界的每件事，其实都是我们内心世界的反映。**我们所有的情绪，唯一的源头就是自己。**

凯撒大帝说："人生最大的敌人就是自己。"懂得为自己的情绪负全责，不再把自己的情绪怪罪于他人，才会为构造支持型关系创造最大的可能性。

关系里，学会做"输"的那个人

有很长一段时间，我发现我和老公陷入了一种奇怪的僵局。不管我说什么，老公都会提出不同意见，同样，不管老公说什么，我也有相反的意见等着他。比如他说孩子不用上早教中心，我就非得说必须去，我甚至忘了前几天我刚说过上不上早教无所谓，父母的高质量陪伴更重要。

像这样的情形几乎每天都会发生，唱反调的那个人可能是我，也可能是他。我俩的交谈经常不欢而散。我以为是因为没了爱，所以才如此狼狈。

后来，我看到心理学家珍尼尔森说，人从童年时起，一生都在追求价值感和确认自己的重要性。价值感的满足和确认重要性的根源其实是我们每个人对爱与被爱的极度渴望。不被爱，可能才是这个世界上最恐怖的事情。

《亲密关系》中提到，如果从童年期起，你就开始相信没有足够的资源可以分给每个人，那你会以这种观点来看待整个世界。你觉得没有足够的爱可以分给你，只有打败其他竞争者，比如兄弟姐妹，才能得到你所需要的东西。争着当

"最特别的人"的这种竞赛，会继续发生在亲密关系中。你会和伴侣不停地互相较劲。

这两个观点，让我醍醐灌顶。

我们为了赢得爱，有时愿意做任何让自己看起来很特别的事情，我们想用自己的"特别"来牢牢锁住对方，以确认自己的重要性，这会导致夫妻之间很容易成为对方的"竞争者"。

我们不停地试图证明自己更优秀，更特别，甚至动用言语或行为攻击来让自己成为赢家。然而，日复一日，婚姻里的较劲必然会从小事积累成大事，从生气积累成暴怒，从和谐变成针尖对麦芒，这无疑是一条与爱南辕北辙的道路。

我们不需要用"东风压倒西风"的方式来证明自己的特别，这种方式也并不能证明我们的特别。**想让爱照进来，一定要放下"竞争"的想法，不怕做"输"的那个人。**

关系里，别做怨气冲天的牺牲者

很多妻子为了丈夫和家庭换掉工作，甚至放弃事业回归家庭，多年以后，满腹怨言，很小的矛盾都能成为压死骆驼的最后一根稻草。

为什么会这样？

因为**我们每个人，都无法成为一个心甘情愿的"牺牲者"，当你认为自己牺牲的那一刻开始，两个人的关系其实已经注定了以悲剧收尾。**

在天长日久的生活中，认为自己做出牺牲的那一方，怨气聚沙成塔，最终崩溃，使婚姻岌岌可危。

有个"70后奶爸"名叫黄凯，因为没有老人帮忙带孩子，黄凯从外企辞职，回家带娃。黄凯说："老婆赚钱的本领比我强，我更有耐心，现在全职妈妈干什么我就干什么，那些让妈妈很抓狂的事情我去帮她做，不想让老婆老得那么快。"

每个家庭里，丈夫和妻子的性格各不相同，能力也有差异，彼此懂得优势互补，才能将婚姻里的收益最大化。婚姻关系中只有分工的不同，没有角色优劣的差异。那些觉得自己为婚姻做出牺牲的人，认为自己承担了婚姻中更差的角色，因而在心态上有了不平衡。

任何一方，都不要将自己定位为关系的"牺牲者"，因为认为自己为了成全对方，而成为一个"可悲的牺牲者"，这种心理只会导致婚姻的悲剧——也许未必离婚，但也逃不过苟延残喘。

婚姻里，做持续成长的人

美国心理学家卡罗尔·德韦克提到，人有两种思维模式，成长型思维和固定型思维。成长型思维的人会把挫折看作需要解决的问题。固定型思维的人会把挫折看成永久的失败。成长型思维的人面对婚姻中的问题，愿意学习和改变。

亲密关系专家克里斯多福·孟提到自己和伴侣的相处经验，说自己和妻子无数次感觉无法再走下去，无数次想放弃，但最终他跨越了一个又一个的绝望时刻，和妻子的感情越来越好，因为他始终用成长的心态面对自己的婚姻，把婚姻里的所有问题都当作成长的机会。

在争吵中，在眼泪中，在无数次想掐死对方的绝望中，如果我们始终能够向身后看一看，去回忆下当初为了爱义无反顾牵起对方双手的动人时刻，我们就会更有勇气继续牵着对方的手好好走完接下来的旅程。

"亲密关系是修行的道场，我们每个人都要在其中学习、成长。"张德芬的这句话，与君共勉。

过分的共情，也是一种内耗

你是否会这样：

看到灾难性新闻，会从心底里为受难者感到悲痛？

看到感人的电视情节，会不自觉地跟着掉眼泪？

听朋友倾诉自己的痛苦，自己也跟着难受不已？

很多共情能力强的人都有过类似的经历。

朋友 A 一直是个温暖、善解人意的人。前段时间看完《被嫌弃的松子的一生》后，她的状态恍惚，一直沉浸在人物的命运中。聊天时她也时不时地提到里面的片段，感叹命运，然后陷在情绪中不能自拔。

共情能力强的人往往能敏锐地感知他人情绪的变化，并给予对方情感上的理解和认同。

但事物总有两面，共情也是。**适度共情可以让彼此的距**

离更近；过分的共情，却可能伤害自己，让自己陷入内耗。高共情能力的人要学会在**共情别人的同时，也不内耗自己**。

适度共情，是一种能力

共情，是关系的柔化剂。它是在保持一定情绪距离基础上对他人处境和心情的理解和接纳，并付诸行动。

《天才在左，疯子在右》里有这样一个故事：有一位病人，他幻想自己是一只蘑菇，一直坐在楼梯口不吃不喝不动。大家不愿接近他，甚至开始嘲笑他。

这时一位医生走过来，坐在病人旁边，也一动不动。病人很好奇，就问他："你为什么不动？"

医生说："我也是一只蘑菇啊。"后来医生拿起汉堡大口吃了起来，病人问他："你不是蘑菇吗？为什么会吃东西？"医生说："谁说蘑菇不会吃汉堡的？"于是病人也跟着吃起了汉堡。就这样，医生用适度的共情，再加上一点行动，就让一个"绝食"的病人吃起了饭。

情感上的理解能给人安慰，比任何语言都有用。共情能力高的人能够体会他人心底的需要，用善意推己及人地去帮助他人。

这让我想起了一个朋友的经历。一位老人去商店购物，朋友看到后，帮他推开沉重的大门，一直等老人进去才关门。老人向她道谢，她说："我父母和您的年纪差不多，我希望他们有需要的时候，也有人为他们开门。"

就像马修·德林所说："共情不是瞒着眼、耳朵假装去了解，而是真正地倾听、感受和理解他人所经历的一切。"这种感同身受的能力，最为难得。

共情，往往能带给我们温暖，让世界多一点包容、理解和认同。缺乏共情会使人与人之间冷漠、疏离，共情过度则会使自己陷入内耗。**如果说共情是一种天赋，那么适度共情就是一种能力**。

凡事有度，知止为上。只有适度共情，才能最大限度地发挥共情的正能量，利人而不伤己。

过度共情，是一种内耗

强大的共情能力可以让自己成为朋友和家人的依靠，时刻给身边人带去温暖。但每当夜深人静，各种糟糕的事情一遍又一遍地在脑海里倒放时，那些消极情绪一点一点地积累在内心，无形之中都化成了压力。

过度共情，何尝不是一种自我内耗。

有多少人因为有很强的共情能力，有了很多的朋友，但也在不停地消耗自己？它会让人们的身心都处在巨大的情绪压力之下，造成大量能量的消耗。

过度共情，也是越过了与人交往的界限；越了界，就会造成某种麻烦——**自己陷入了内耗，而对方产生了依赖。**

过度共情还会造成身体的内耗。美国生物学家研究发现，共情会激活杏仁核（大脑情绪反应中心）。情绪反应越大，杏仁核就越活跃，身体要想保持平衡，就需要另外一种东西去抑制。越是共情过度，体内的抑制对抗就越严重。长此以往，会损害身体免疫系统，我们身体对慢性疾病的抵抗力就会变弱。所以，不管是为了我们的情绪稳定还是身体健康，请找到共情的边界，避免过度共情带来伤害。

共情，要敏感也要钝感

高共情，往往意味着高敏感。敏感，可以让我们敏锐地感知对方的情绪，但高敏感容易造成我们心理上的负担。为了防止自己陷入内耗，在保持敏感的同时，也需要一点"钝感"。

主持人董卿，饱读诗书，温柔知性，而且非常善于共情。在她主持的节目中，有这样的片段：节目中的嘉宾看到父亲瘦削的背影而难过时，她眼含热泪，不停地安慰对方；讲述自己的难过经历时，她拥抱对方，与对方一起流泪。

她经历过太多因共情而动情的时刻，但无论当下情绪多么翻涌强烈，她也能在第二天精神饱满地去工作和生活。她无疑是敏感的，因此才能敏锐地察觉他人的情绪，但她也具有恰当的钝感力，避免了共情过度，她早就在大量的阅读和行动中找到了共情的尺度。

亚里士多德说，只有在适当的时候，对适当的事物和人，在适当的时机下，以适当的方式发生的感情，才是适度的最好的感情。

钝感力，可以帮我们找到这种"适当"的感觉，让我们的共情恰到好处。我们可以尝试以下方法，训练钝感力，防止陷入内耗。

1. 共情后，做好认知清理

在每一次共情后，通过认知思考来做情绪清理，比如提醒自己思考：如果我有这种情绪，我想要什么样的帮助？用理智打断情绪泛滥，察觉自己的情绪需要，对自己以后的共情行为作出调整。

2. 学会"课题分离"，建立边界

通过不断的自我觉察，训练自己课题分离的能力。"课题分离"是心理学家阿德勒提出的。当我们感受到对方的情绪时，问问自己：哪些是对方的情绪，哪些是我的情绪？哪些情绪需要对方负责，哪些需要自己负责？通过课题分离，我们可以逐渐建立自己共情的边界，并指导自己适度地共情他人。

3. 学会倾诉和寻求帮助

如果你善于倾听，但情绪过载时无法消化，也可向合适的人倾诉。如果这种弥漫的情绪已经比较严重，可以向专业人士寻求帮助。

共情就像一束光，照亮黑暗，给予你我温暖。如果光过于强烈，则会灼伤双眼。共情是一种难得的能力，但不要让这种能力委屈了自己。

学会让自己的共情"钝"一点，逐渐找到共情的尺度——既可以温暖别人，也不内耗自己。因为只有刚刚好的共情，才能帮助我们建立良好的人际关系，利他也利己。

第三章

屏蔽外界
和他人的看法

* * *

一个真正厉害的人是不屑与别人争的，因为他有强大的内心和足够的底气去面对外界的流言蜚语。

你要学会驾驭情绪，而不是被情绪驾驭

✳ ✳ ✳

晚上正在看电视，朋友小诺打来电话，发了一通牢骚。

小诺是位小学老师，刚刚参加工作。教育部领导来听她的课，她也为此做足了准备。谁知，她还没开讲就被一位家长拦住，指责小诺教学水平差，孩子的成绩一直没有提高。小诺想抽时间再复习一下课件，便婉转地提出，自己现在没时间与他谈孩子的事情，下班后再与他沟通。结果那位家长生气了，说小诺的态度是不负责的，吵嚷着要找校长投诉。

虽然家长无理，但小诺还是不停地道歉，希望家长能理解自己，现在有很要紧的事要处理。那位家长看小诺年纪轻、没多少工作经验，更加不依不饶，态度蛮横，后来其他

老师帮忙解围，那位家长才悻悻离去。

本来信心满满的小诺因为那位家长的出现，情绪变得很差，她站在讲台上，好长时间都缓不过劲来，最终表现也差强人意。

被坏情绪束缚，导致自己发挥失常，小诺想想就生气。在大学里自己也曾拿过系里演讲冠军的，怎么会在小河沟里翻了船呢？

因为被坏情绪左右，人的状态往往会受到影响，原本计划好的事情便容易出现偏差，如果不及时摆脱负面情绪的束缚，还容易出现连锁性反应。

＊　＊　＊

我认识一位文友，我们同在一个写作群里，偶尔也聊些写作上的事情。有一次，一位男性文友突然间在群里指责她抄袭他的作品并发表，还把作品链接发到群里，让所有文友评理，并讽刺她，稿费没几个钱，但他如果维权，那她付出的代价就大了。

她完全蒙了，因为她根本就没有抄袭，她在群里解释，希望这位男性文友不要大肆宣扬，等事情弄清楚再说，但男文友十分气愤，迅速把链接发到其他群里，一副唯恐天下不乱的姿态。

女文友气坏了，马上开始联系那家发表文章的报纸的编辑，核实后发现原来是署名错了，根本不关她的事情。虽然事后男文友在群里道了歉，她的情绪却受到极大影响，很长时间进入不了写作状态。

那段时间里，她经常和我聊天，她说那件事情使她内耗了很久，想起都愤怒不已。她反复强调，群里文友们来自五湖四海，被他嚷得全世界都知道了，心里时时充满怨恨，根本没有心思再写作。

不曾感同身受，就别劝人大度。我当然明白这个道理，但真心希望她能走出来。我劝她，不能因为一件无关紧要的小事，就被坏情绪束缚住，但她一直走出不这场风波。后来，她很少露面，QQ头像一直是灰色的，给她留言也极少得到回复。我们经常一起投稿的杂志上也看不到她的作品了。

也许有人会说，女文友太玻璃心，一点打击也受不了。其实，每个人都会遭受打击，关键是受到打击之后，能不能走出坏情绪的困扰。

负面情绪是看不见摸不着的，总是悄无声息地潜伏在潜

意识里，稍不注意就溜出来，影响一个人当下的心情，进而扰乱生活秩序。

* * *

大文豪范仲淹曾经说过："不以物喜，不以己悲。"然而身在浮躁的尘世间，如何能摆脱情绪的束缚呢？

从心理学上讲，情绪既是主观感受，又是客观生理反应，具有目的性，是宣泄主观感受的一种社会表达方式。

当一个人在当下的处境中产生不好的感受时，便会表现出糟糕的情绪，比如焦虑、愤怒、伤心，等等。一旦陷入负面情绪，人就容易失去理智，冲动行动。所以，有人得意忘形而乐极生悲，有人因悲观失望而焦虑抑郁。

* * *

有一次去医院给一位医生朋友送东西，在她的办公室里坐着两位病人，前一位患者检查结果很好，欢天喜地和她道谢离去；后一位患者因为病重而必须住院治疗，患者当时崩溃大哭，医生朋友不停地安慰着。

我当时头都大了。前后画风简直如同冰火两重天，如果朋友内心不强大，每天接收患者各种负面情绪，会得抑郁症的。她笑着说，医生每天要接触不同患者，必须摆脱坏情绪的束缚，否则会影响患者的情绪，对治疗不利。

"怎样才能摆脱情绪的束缚呢？"我好奇地问。

朋友说，好情绪能让周围的人同你一样开心快乐，坏情绪也会影响其他人的情绪，摆脱情绪束缚的方法是，把情绪当成"客人"，和喜欢的客人多聊聊，不理睬不喜欢的客人，每天保持好心情才能有好的工作态度。

我惊讶于朋友的睿智。把情绪当成"客人"来对待，颇有哲理性。情绪总是不期而至，就像不打招呼就来的客人，和喜欢的客人聊聊，对不喜欢的客人可以冷淡待之。

医生朋友郑重地说，无论是喜欢的还是不喜欢的"客人"，都不要长时间留在身边，坐坐聊聊就要请它离开。也就是说，人不能被情绪束缚，好情绪和坏情绪都不能长时间留在身边，保持平常心才好，因为带着情绪做事，受情绪左右，对人和事情的判断就容易出现失误，对于改变自身处境毫无帮助。

争论面前，微笑着不说话的人赢了

年轻时我们都曾有过这样的经历：遇到和自己意见不一致的人，总是要和对方一争高下，想让对方赞同自己的观点。可事实往往是：越争辩，越生气，谁也说服不了对方，最后还闹得不欢而散。

马斯克曾说："我现在不和人争吵了，因为每个人都只能在他的认知水准上去思考。以后有人说二加二等于十，我会说'你真厉害，你完全正确'。"

随着阅历的增长，我越来越觉得这句话无比正确，**遇事不怒，输赢不争，对错不辨，才是为人处世的大智慧。**

沉默，是一种深谙人性的智慧

我们可能听过法国著名画家亨利·卢梭的故事。他小时候特别喜欢画画，有一次，他沉迷于画画忘记给火炉加煤了，父亲回来时，火已熄灭。父亲大发雷霆，把他的画笔和画纸扔到了门外。卢梭没有哭，他按父亲的安排把活儿干完后，悄悄地跑到外面，弯腰捡起了自己的画笔和画纸。

长大后，卢梭进入巴黎海关工作，还有了自己的办公室。他把办公室当画室，专注画画，因此惹怒了上司。卢梭的画笔和纸再次被扔进垃圾桶，他也被解雇了。他没有解释和央求，再次从垃圾桶里捡起了自己的画笔和画纸，安静地离开了。

后来，卢梭在绘画巅峰时期曾写下这样的句子："我弯腰捡起的是画笔，但守住的是自己的尊严与梦想。"睿智如他，沉默并不代表放弃自己的梦想和权益，而是一种更加高效的处理方式。

爱因斯坦说："在理性的沉默中，我们得到最好的智慧。"在这个世界上最有力的不是高调的宣誓，而是一声不响的沉默。有时，**沉默并不代表软弱或胆怯，而是一种对自**

己能力笃定的基础下理性而成熟的应对方式。

不争辩，是一种心胸豁达的修养

庄子曰："大辩不辩。"即辩论的最高境界是不辩。许多时候，争辩只会浪费时间和精力，还伤了彼此的感情。不争不辩，才是最大的智慧。

纽约房地产商威廉·哈芒卖出过超过 2 亿美元的房子，他最爱说的一句话是："推销员最大的禁忌就是与客户争论。争论就是一种竞争，而任何人都不想在竞争中失败。"争论只会让双方更加坚持自己的立场，让问题更加复杂，甚至引发不必要的矛盾和冲突。

不争，看似一种妥协，实则一种气度，一种容人的豁达。《庄子·秋水》曰："井蛙不可以语于海者，拘于虚也；夏虫不可以语于冰者，笃于时也；曲士不可以语于道者，束于教也。"认知不同，三观不同，阅历不同，见识必定不一样，因此无须争辩。

成年人要克制自己的反驳欲，用最温和的方式抵挡一切，用最宽阔的胸怀容纳一切。

成年人的世界：只沉默，不争辩

位置不同，少言为贵；认知不同，不争不辩。止语是上等智慧，止心是上等律己。沉默律己是一种高级的智慧，不争不辩是一个人终生的修行。

人生后半辈子，要想幸福快乐，就要学会不与人争辩。

1. 不与亲人争

与至亲至爱的人争执，只会两败俱伤。

当我们变得成熟，就会知道放下自己的骄傲，安静地聆听父母的唠叨，把最好的脾气留给最爱的人。

2. 不与爱人争

杨绛在《我们仨》一书中讲过一个故事。她和钱钟书在轮船上因为一个法文单词的读音吵了一架，杨绛说钱钟书的发音带乡音。钱钟书不服，说了许多伤感情的话。杨绛不认输，也尽力伤他。后来，他们请同船的法国夫人公断，杨绛对了，钱钟书错了。杨绛说："虽然我赢了，却觉得无趣，很不开心。"之后他们即使遇到问题各持异议时，也不再轻易争吵。

夫妻争吵，家庭不睦。婚姻不是战场，是非、对错都不重要，重要的是感情和睦。有爱的婚姻，往往没有输赢。

3. 不与朋友争

蔺相如和廉颇的故事广为人知，他们是战国时期赵国的大臣。廉颇不满蔺相如的地位在自己之上，因此处处针对他。蔺相如为国着想，处处避让廉颇。廉颇最终悔悟，向蔺相如负荆请罪，二人成为至交。

《道德经》里曾说："夫唯不争，故天下莫能与之争。"意思是，只有一个人拥有不争的处事，才会没有人能与之抗衡。**一个真正厉害的人是不屑与别人争的，因为他有强大的内心和足够的底气去面对外界的流言蜚语。**

杨绛曾翻译过一句话："我和谁都不争，和谁争我都不屑。"这句话，更像她本人一生的写照，不管人生顺遂还是遇到磨难时，她始终保持内心的淡定与从容。

人在年轻时，往往因为不甘心而总想争个输赢对错，经历得越多才越明白，输赢不重要，重要的是舒适和自洽。**看破不说破，沉默、不争辩是给自己也是给别人最大的体面。**

弱者盲目合群，强者享受独处

我们在生命中，会遇到无数条岔路口。有的路宽敞易走，挤满了人，有的路狭小晦暗，鲜有人愿意走。

享受舒服安逸是本能，敢于迎难而上是勇气。许多时候，拉开人与人差距的，就是能否做别人不愿做的事，走别人不敢走的路，也许路上坎坷与磨砺不断，但终有一日会收获累累硕果。

迎合讨不来欢心，讨好换不了喜欢

在《人间便利店》一书中，主人公谷仓惠子从小就是人群中的异类。她的性格高冷、直率，朋友们都觉得她过于严肃、古板，父母甚至怀疑她有心理问题。

为了讨别人欢心，她开始试图改变自己。与人沟通时，她变得小心翼翼，模仿其他人的说话方式，努力表现得活泼。她专门购买与别人品牌相同的物品，以此制造共同话题。但她的迎合与讨好不仅没有换来别人的喜欢，反而让自己筋疲力尽。

　　直到有一天，她来到一家便利店做兼职，发现在这里自己不需要时刻在意别人的情绪，只需要按规则行事就好。她在这里工作感到如鱼得水，将这份别人眼中看似很枯燥的工作坚持干了整整 18 年。

　　生活中，盲目的合群往往只会塑造一个面目模糊的自己。只有当一个人专注做好自己的事，无惧独来独往，才能摒弃外界的纷扰，不断充实自己。

　　二十世纪六七十年代时，有一名男知青，他总是与身边的人格格不入。别人打牌时，他在背单词；别人睡懒觉时，他早起读英语。同行的知青都不喜欢他，觉得他十分不合群，是"假正经"，更有领导劝他要合群，不然会被排斥的，他没听进去，而是继续一边干活一边醉心于自己的学业。1978 年恢复高考以后，他凭借自己的能力考上了北京第二外国语学院。后来，他又凭着高超的英语水平和文笔进入了外交部工作。他就是如今的外交部部长王毅。在那些独来独往的日子里，他专心钻研学问，从不在浮华社交上浪费时间，才取得了今天的成就。

生活中，很多人为了合群将大量时间与精力用来社交。只有小部分人能够遵从内心，享受独处，在别人看不见的地方暗自蓄力。

沈石溪曾说："孤独实际上是出众的标志，是一种高贵的品性。"活得清醒的人，不会为了合群而盲目跟风，他们享受独处的时光，明白与其在随波逐流中迷失自己，不如将那些花在觥筹交错上的时间用在了自我提升上。一味地跟风社交，不一定能换来想要的生活，但专注地学习与修炼，能为自己拼得更好的未来。

学会享受独处，在独自一人的时刻，默默耕耘，耐心沉淀，在岁月中打磨出不凡的自己。

愚者向外归因，智者向内反省

意大利画家莫里，在画人物时有个特殊癖好——只画一只眼睛。有人不解，问他为什么，他说："人性的弱点之一，就是双眼都习惯看向外界，却很少自检，所以我们要用一只眼看世界，留另一只眼来审视自己。"

许多人遇到问题时的第一反应是推卸责任，将原因归于外界。而活得通透的人懂得自我反省，将每一次犯错都化为进步的动力。

孟子曰："行有不得，反求诸己。"**遇事不骄不躁，学会自省，向内归因，才能向上成长。**

在电影《立春》里，黄四宝一心想考美院，却接连好几年落榜。年近30岁的他还没有一份正经工作，整天待在家里喝酒、混日子。直到第六次落榜，他依旧怨天尤人，认为上天对自己不公平，母亲没有给自己好的出身，自己怀才不遇。表哥周瑜早就看出他心比天高，却从不付诸实际行动，说道："整天怪这个怪那个，我看最该怪的就是他自己。"

一个不懂自省的人，遭遇再多的挫折也不能使他进步，经历再大的打击，也无法使他强大。知不足，而后改，才能找到正确的方向，让自己越来越好。

人活一世，犯错摔跤，磕磕碰碰，都是家常便饭。面对生活中的失败与错误，不能一味地责怪别人，而要清醒地反省自己。凡事向外归因，只会沉浸在抱怨的情绪里，故步自封，永远原地踏步。**懂得向内反省，才能从一次次失败中总结经验，不断迎接新的转机。**

正所谓，自知者明，自胜者强。**以自省为镜，方能认清自己，在反思中不断进取，在改进中成长蜕变。**

庸者逃避吃苦，能者自讨苦吃

苦是人生的底色。然而，大多数人都在被动吃苦，只愿待在自己的舒适圈内，只有极少数人愿意主动吃苦，不断打破困顿与桎梏。人的一生波澜起伏，经历风雨苦难不足为奇。当一个人敢于"自讨苦吃"，在未来便能比别人多一份选择与自由。

万科创始人王石受邀到大学授课。尽管他在讲台上侃侃而谈，却仍然感觉自己力不从心，他开始重新审视自己的知识储量。在一次机缘巧合之下，近 60 岁的王石选择去往哈佛大学进修学习。因为语言上的障碍，王石在哈佛大学的第一年吃了许多苦。为了追赶上课堂教学的进度，他通宵看书，每天奔波于公寓、校园、图书馆之间；为了能和教授顺畅交流，他大量阅读英语读物，练习听力与口语，弥补自己的不足。在高强度的学习下，他的眼睛出现了严重散光、充血、视网膜硬化等问题。但好在功夫不负有心人。经过在哈佛大学的学习充电，王石仿佛重获新生，他形容自己的思维"就像生锈的机器重新加了润滑油"，新的想法和创意不断地冒出来。

稻盛和夫说，你所遇到的压力与挫折恰好是自我修行的最好机缘。在我们的生命中，有各种各样的困境与考验。选择逃避困难，看似获得了一时的安逸，实际上给未来埋下了隐患，迟早会败给生活的风雨。

选择主动吃苦，才能为自己打下扎实的基础，为未来铺好更宽广的路。**那些与别人拉开差距的人，都是"自讨苦吃"的高手**。在苦难中修行，在逆境中成长。做困难但有价值的事，走难走但正确的道路。

当你懂得舍易求难，扛下所有的苦，熬过所有的难，你想要的一切也会随之而来。

选择少有人走的路

轻松的路虽然好走，却过于拥挤；艰难的路即使孤独，也值得坚持。一个人最大的清醒，便是选择少有人走的路，在寂寞中打磨韧性，才经得起世间的刁难；在犯错时反躬自省，才能成就更好的自己；在吃苦修行中沉淀内心，才会迎来理想的生活。

人生繁杂无章，唯有守住内心方寸之地，坚持自我的思考与选择，才能成就与众不同的自己。

一个人最应该具备的能力：翻篇能力

未来的人生故事情节如何发展，结局怎样，取决于当下怎么写。不懂得翻篇，人就会在过去的旋涡中不断消耗自己。**学会翻篇，允许过去的留在过去，才是对当下的自己最大的关爱。**

最喜欢丰子恺的一句话："不困于心，不乱于情，不惧将来，不念过往。如此，甚好。"

不沉迷于过去，不让往事羁绊自己，心怀勇气，走向未来。

不念，是对过去的放下；不惧，是对未来的信心。这考验的是人的一种重要能力，简单概括就是：翻篇的能力。**让过去的过去，让现在的出发，让未来的到来。**

不会翻篇，是一种内耗

把过多的时间和情绪用在反刍过去已经发生的事情上，

对现在、对未来、对自己都是一种负担。余华说，有一种精神内耗是内心戏太多："言未出，结局已演千百遍；事已毕，过往仍在脑中演。"脑海里不断上演已经结束的事情，心里总是放不下，对自己是一种无形的消耗。

网球名将李娜讲过，她曾经陷入事业低谷。那段时间每天体育版的头条都赫然写着："李娜状态低迷。"在接下来比赛中她次次首轮出局，甚至败给了资格赛上的小将。与此同时，李娜和她的教练莫滕森的合作也走到了尽头。

她在自我怀疑的旋涡中打着转逼问自己："为什么我训练那么认真，比赛时还会频频陷入困境？"停留在已经完赛的失败中，无法重启心态，是李娜困在原地的重要原因。她坦言，当时的自己具备夺冠的实力，却不具备夺冠的心态，停在一场又一场的败局里，无限内耗。

在持续了14个月的冠军荒、多项赛事的"一轮游"后，李娜突然觉得局面也不会更糟了。她决定翻篇，让一切过去，给未来让路。

从2012年的下半年开始，李娜调整状态，终于在"超五系列赛"中折桂夺冠。李娜说，过去的一年多她只顾着和自己的每一场失败较劲，自己卡在"过不去""想不通"里了。

很多事情，靠想就是想不通。人生的路要靠走，只要向前多走一步，局面就会不一样。

就像罗曼·罗兰所说："我们在人生的道路上，最好的办法是向前看，不要回头。"向前看，才能不被往事羁绊，不被过往的情绪纠缠。毕竟，人生的路，永远是往前走出来的。

懂得翻篇，是一种能力

说翻篇就翻篇，是一种魄力，也是一种强大的能力。支撑我们将昨天翻篇的，是自己的认知、笃定和自信。

埃隆·马斯克的母亲梅耶·马斯克，被称作"超人母亲"，她把三个孩子培养成亿万富翁，但她在年轻的时候遭遇了一场不幸的婚姻。

梅耶 22 岁结婚，丈夫是她的高中同学。婚后不久，她的丈夫开始暴露出暴躁的性格，经常对她拳打脚踢。一开始梅耶并没有想过离婚，以为自己做个贤妻良母，丈夫慢慢就会变好。可家暴一旦出现，就会成为无法根除的噩梦。她的丈夫发现梅耶只会逆来顺受，便变本加厉，殴打梅耶的次数也越来越多。梅耶曾想过离婚，可丈夫威胁她，要是敢离婚就用剃须刀毁掉梅耶的脸，打残三个孩子的腿。

在当时的南非，家暴并不能成为离婚的理由。梅耶·马斯克就这样忍受着家庭暴力，长达 9 年。终于在梅耶 31 岁时，迎来了南非的婚姻法改革，她再次向法院提出离婚，在律师的帮助下，终于摆脱了这段噩梦般的婚姻。

手里的牌打得烂没关系，靠自己的勇气和实力，去重新选择一把牌。梅耶后来的生活迎来了温暖的曙光，她净身出户，带着 3 个孩子从德班搬到布隆方丹的一个小镇。虽然生活贫穷，三个孩子只能吃最廉价的三明治填饱肚子，穿旧衣服保暖，四个人挤在狭小的公寓里，可这一切都让梅耶满足：永远和过去的糟糕生活诀别了。

靠着营养咨询师的工作，梅耶慢慢有了收入，一家四口的生活开始有了改善。她从决定过一种新生活开始，就笃定向前，从不回头顾影自怜，从她脸上的笑容便能看出。

她勇于重建人生的精神，对三个年幼的孩子产生了深刻的影响，这也促使三个孩子都成了人中龙凤。

做人终究要学会拎得清，舍得下，走得开。不纠缠于烂人烂事，才能给真正重要的东西腾出位置；不困顿于尘俗往事，才能给自己留出精力来雕刻明天。

懂得这个道理，才能随时翻篇，随时重启，做自己生活的主角。

弱者习惯回头看，强者喜欢向前走

只有弱者才喜欢盯着过去不放，既放不下荣誉，也放不下耻辱。

左宗棠、曾国藩、张之洞和李鸿章并称为"晚清四大名臣"，而左宗棠一生戎马功勋都源于曾国藩的知遇之恩。左宗棠在中举之后，三次考试都未中进士，眼看仕途无望，幸而曾国藩看重左宗棠的军事才能，多番提携，才让他有机会单独带兵，发挥其谋略和才学。

可左宗棠善妒之心太重，因为自己科举无名，所以对那些因科举而仕途顺利的人很是憎恨，尤其是对曾国藩，他认为自己韬略才学和军情谋略都远胜于曾国藩。

左宗棠瞧不起曾国藩是尽人皆知的事，多次不留情面地批评他"才短""欠才略""才亦太缺""于兵机每苦钝滞"。面对左宗棠的讥讽之言，曾国藩从不放在心上，不仅自己置之不理，也要求亲朋好友不要回击。

曾左早期合作的顺利，建立在曾国藩深厚的修养之上。左宗棠的暴躁脾气是圈内有名的，有一次他骂总兵樊燮太过厉害，闹到了京城里，皇帝下令要斩杀左宗棠。曾国藩认为左宗棠是国之栋梁，是大清的人才，不计前嫌，从中调和，让左宗棠死里逃生。

后来因为左宗棠背后插刀，使得曾国藩和弟弟险些丧命，二人关系彻底中断，在接下来的 8 年里不再有任何交集。可即便如此，曾国藩也从不在与左宗棠关系这件事上斡旋半分。一如曾公家训：戒多言，不纠缠。对于左宗棠，曾国藩允许他成为过去式，即使他从未停止对曾公的讽刺。

后来，左宗棠担任陕甘总督时，由于西北物资匮乏，无法筹足军需储备，四处向同僚求助，却无人帮助。只有曾国藩，放眼于大局，不计较之前的任何旧账，积极筹措，帮助左宗棠解了后顾之忧，解了西北之困。

从史料研究中不难看出，左宗棠一生不服曾国藩，终以怨报德，而曾国藩却从未想要和左宗棠争出个输赢高下。曾公的"克己之功"也体现了他"既过不恋"的人生哲学。

玄色《守藏》中有一句话：只有弱者才会回头看，强者永远都把目光投往前方。弱者总顾着回头，强者都在忙着变强。不纠缠，懂放过，才是强者姿态。

《生死疲劳》中有一句话："世事犹如书籍，一页页被翻过去。"人要向前看，少翻历史旧账。无论是过去的成功还是过去的颓败，都是已经写完的篇章。未来的人生故事如何，结局怎样，取决于当下怎么写。

不懂得翻篇，人就会在过去的旋涡中不断消耗。学会翻篇，允许过去的留在过去，才是对当下自己最大的关爱。未来学着置顶自己的翻篇能力，让往事随烟，让余生尽是眼前风景。

留足力气让自己高兴

林语堂说："生活的智慧在于逐渐澄清滤除那些不重要的杂质，而保留最重要的部分。"人之所以累，就是因为不懂得孰轻孰重，不知道如何在生活中做出取舍。什么最重要，什么不重要，什么该删除？什么该保留？人活在世，一定会有所求，也会为其所累，我们所做的一切都只是为了获得自己追寻的内心的愉悦和生命的美好体验。

学会保留内心的简单和适当的私心，把累人的好强和扰人的过往统统过滤、消除，永远把让自己高兴作为成全他人的前提。只有做到这些，人才能活得轻松洒脱，日子才能过得不累。

学会简单，别想太多

三毛曾说："我不求深刻，只求简单。"**从简单到复杂，是上半生的成长；从复杂到简单，是下半生的修行。**很多时候，人之所以活得累，并不是因为日子有多苦，而是源于自己想得太多。同事间的一句玩笑，别人不经意的一个眼神，都能让你揣摩许久。有时候，你的一个小小的失误，别人根本没在意，你却自己内心不安；一件无足轻重的事情，别人不以为然，你却患得患失。

正如《新唐书·陆象先传》一书中写得那样："有心者有所累，无心者无所谓。"面对一件小事，想多了闷闷不乐；面对一件大事，想多了不堪重负；面对一件好事，想多了反倒成了负累；面对一件坏事，想多了就成了永远跨不过去的坎。

人生累，就累在想得复杂，想得太多。凡事想得简单，洒脱一点，自然就没这么累了。想法单一，把复杂的问题简单化，不揣摩他人，不胡思乱想，不怀疑自己。

想法简单，才能活得快乐；生活简单，才能过得轻松。

学会自私，别太懂事

你是不是经常有这样的困扰：

担心自己得罪人，所以别人让你做什么你就做什么，不敢拒绝？

担心他人对自己有想法，所以别人说什么就是什么，不敢反驳？

只要自己有能力，就会不留余力地帮助别人，即使这会让你很为难？

你处处为他人着想，不想让别人失望，你总站在对方的立场做出让步，最后却委屈了自己。很多时候，我们之所以不快乐，就是因为太懂事了。你退步得越多，别人越是得寸进尺；你体谅得越多，别人越觉得你没底线。

有人说："**人这一生，想要活得舒服，需要三分底线，五分原则，一点'自私'。**"在不伤害他人的基础上，更加关注自己的想法和需求，最大限度地忠于自己的内心。做一件事情的出发点是"我愿意""我喜欢"，而不是"别人觉得我应该做什么""别人希望我怎么做"。做一个"自私"的人，在替他人考虑之前多为自己想一想。

只有照顾好自己，才能去照顾他人；**只有懂得爱自己，才有能力去爱他人。**

学会示弱，别太逞强

听过一句话："最能成事的人，不是事事胜人的人，而是自身有极强之处，却能示弱、敢示弱、会示弱的人。"

很多时候，我们活得累，就是因为习惯了伪装坚强。都说成年人的世界，依靠自己的人太多，而自己能依靠的人却太少。无论是工作上还是生活中，很多人凡事都亲力亲为，压力都自己扛，即使再苦再累也不想开口，不愿求助。久而久之，电话这头的"我很好"、人前强装的"我没事"都成了不能言说的委屈。可我们终究是平凡的普通人，也会有吃不消、扛不住的时候。

适时地示弱，不是无能，而是一种柔软的智慧。承认自己的疲惫和力不从心，褪去强硬的外壳，你才能收获帮助；承认自己的缺点和不完美，敢于做真实的自己，你才能活得快乐。任何时候，别把自己逼得太紧，向内探索，向外求助，即使身处绝境也有可能迎来柳暗花明。

弱者才爱逞强，因为害怕被当成弱者；强者却懂得示

弱，因为明白示弱也是一种蓄力。

学会善忘，别太执着

古人云："人生不如意之事，十之八九。"人每走一步，就会有得失，每经一事，都会留遗憾。真正洒脱之人，不是对凡事都不在乎，而是懂得尽快忘掉不开心的事情，不为往事烦恼。就像巴尔扎克说的那样："如果不能忘记许多，人生则无法再继续。"

生活若想继续，往事就得翻篇。忘记一些事，你才能去做更有意义的事；忘记一些人，你才能去爱更值得爱的人。

年纪越大越发现，原来善忘是一种人生智慧。正如有句话说得好："纵使岁月不饶人，唯有善忘是高人。"忘记烦恼，给快乐腾出位置；忘记仇恨，把善良常放心间；忘记痛苦，让幸福回归生活。

善忘却不健忘，大度却不糊涂，把笑容常挂脸上，不执着过往，不忧虑未来。

学会悦己，让自己开心

悦己是一切美丽的开始。可生活中，我们更习惯去取悦他人，即便需要违背自己的心意也在所不惜。我们努力地想要演好每个角色，做工作中的强者，做生活中的能人，却常常忘了做真正的自己。我们吃力地想要做好每件事情，让父母放心，让家人安心，让朋友舒心，却总让自己不开心。

"你若想得到这个世界上最好的东西，你先得让世界看到最好的你。"懂得取悦自己，欣赏自己，让自己轻松，你才能心中充满阳光，脚下步步生风。

悦己，是人生的大智慧，是积极的人生态度。接纳自己的平凡和不完美，在和解中取悦自己；放下生活中的得失与成败，在放下中取悦自己；培养自己的兴趣，坚持热爱，在专注中取悦自己。

学会取悦自己，不委曲求全，不忽视自我，无论外界如何评价，只求问心无愧，只做让自己快乐的事情。

* * *

尼采说："亲爱的，你要清楚自己人生的剧本——你不是你父母的续集，也不是你子女的前传，更不是你朋友的外篇。对待生命，你不妨大胆冒险一点，因为你迟早会失去它。"

没有谁的生命该被定义，没有谁的生活该被绑架。即便我们有 100 种身份，其中最重要的一个身份，永远是做好自己。

转眼人生的上半场已过，生命和时间开始显得尤其珍贵。与其抱怨时光飞逝，不如珍视当下；与其继续谨小慎微地生活，不如立刻改变。

愿你依心而行，活得不累，活得勇敢，活得耀眼。**真正地为自己而活，按自己喜欢的方式活得漂亮。**

第四章

屏蔽无用信息
和无效社交

* * *

最好的独处方式，莫过于在独处中享受安静，在独处中取悦自己，在独处中丰富自己。

真正厉害的人，都在过有秩序的生活

生活中你是否有这样的经历？

做一件事情的时候，脑子里想着另外一件事情，最后什么事情都没记住；

重复的工作占据了大量的精力，像陀螺一样每天不停地转，始终留不出时间充实自己；

睡前玩手机，起床第一件事也是看手机，被和自己无关的信息占据了大脑；

状态逐渐在无序中变得虚弱无力，以至于稍有波动就会心慌意乱……

但是生活总是充满了不确定，不管有没有准备好，我们都会被生活推着向前走。我们能做的就是建立秩序，给生活形成一道能够抵挡外界纷扰的壁垒，过井然有序的生活。

那些遇事不乱，举重若轻的人都具备不易被击碎的秩序感。

状态有序，不困于生活的低谷

有一位网友几年前经历了人生的低谷，不管是事业还是感情上都有很多的无可奈何，那段时间每天都无精打采，对什么事情都提不起兴趣，工作不拖到最后一天根本不想做，时常因为不想起床而迟到或干脆请假，每天只在手机里找寻一点点的慰藉，生活陷入了完全失控的状态。就这样过了几个月的时间，虽然她什么都没有做，却感到无比疲惫。

她开始害怕自己会被这样失控的状态吞没，于是尝试自救。每天早晨起床后第一件事就是锻炼身体，用更好的状态迎接新的一天；早餐也不再随便吃一口，开始注重营养搭配。

投入工作之前，列出今天的待办事项，紧急重要的先做，紧急不重要的尽快做，重要不紧急的有耐心地做。每天下班之前，看着待办事项后边的每个勾，就是对自己最好的奖励；工作之余，给自己一点放松的时间，晚上的空闲时间用来阅读，写作。

神奇的是，她就是在这样一件件小事里，逐渐找到了对生活的掌控感。后来，她一直坚持自律的生活，保持着有序的节奏，状态也越来越好了。

她说："正是这些让自己愉悦的小事、良好的生活习惯，慢慢把情绪被抚平，让自己重新建立起了有序的状态。"

生活越失控，越要去做一些微小而稳定的事情。这些看似微小的习惯，能够培养自信心，也让我们可以感受到生活的确定性。

人生难免遇到困境，重要的是拥有调整自己的能力和方法。该吃饭的时候吃饭，该工作的时候工作，就是在这些具体的事情中，藏着让我们走出低谷的能量。

专注当下，不忧于内心的慌乱

你是否有过这样类似的体验？

因为工作上的失误被领导批评，在接下来的工作中，带着别再犯错的过度担忧，反而导致接连出错；

晚上加班很晚，睡过头没有赶上地铁被扣钱，一气之下和没有安慰你的男朋友吵了一架。

我们总是被一些小事所影响，导致内心开始失序混乱。

《心流》中有这样一个真实案例。胡里欧车子的轮胎坏了，但要到下周末才能领到薪水修车，于是他一大早把车开到加油站，给轮胎打满气，下班时气漏光了，他再到工厂附近的加油站打满气后再开车回家。第四天驾车到工厂时，那个破轮胎几乎已扁平，连方向盘都很难控制了。一整天他都在担心："我今晚回得了家吗？我明天能准时到岗吗？"他的心思全被这个烦恼占据了，这使他无法专心工作，情绪也开始变得不安起来。

因为工作心不在焉，拖延了全组的工作流程，遭到了邻组的一位同事取笑，本就情绪不佳的他和同事争执起来。从一大早到下班，他的紧张情绪不断升级，最后不仅耽误了工作，也影响了人际关系。

有的时候不是生活有太多烦恼，而是你总是把注意力放在烦恼上。当大脑被负面情绪占据时，我们会产生各种情绪，痛苦、恐惧、愤怒、焦虑，打乱内在秩序。

大脑越混乱，内心越失序，人越无法平静下来，以至于你的工作生活变得一团混乱，而内在稳定的人不会纠结于已发生的事，只会专注于当下的事。

那些厉害的人都懂得，沉浸在当下，才能带来内心的秩序和安宁。专注当下，是让内在从无序到有序最简单的方法。

调整自己，不惧人生的变化

物理学中有个"熵增定律"，指如果不及时干预，事物会从有序逐渐走向无序，直至走向灭亡。

在如今这个变幻莫测的时代，我们也是如此。如果不及时调整自己适应这个时代，生活也会逐渐变得困难重重。所以我们要做的就是，让自己保持一种可塑的状态。

米莉在杂志社工作了 6 年，在 30 岁那一年她意识到，自媒体在逐渐代替传统媒体，自己所在的行业即将面临困境，于是开始调整职业方向，准备转战自媒体行业，她买了很多相关的书，请教了相关的老师。

她开始学习经营自己的博客和社交账号，空闲的时间笔耕不辍。几年的时间，传统媒体受到自媒体的影响，原来的同事很多都被迫失业，而米莉在自媒体行业已经风生水起，她不仅成功运营了自己的账号，积累了很多粉丝，还有了自己的工作室。

在 42 岁那年，她发现身体健康太重要了，于是开始健身，注意饮食和生活规律，不仅身材比同龄人好，而且精力比行业里的年轻人都强。她说："一个好的身体能够让自己保持良好的状态面对工作。"

我们都明白，自己改变不了世界，但可以调整自己适应时代。不愿意改变的人，面对变化，要么无法应对，要么被时代抛弃。而保持随时调整提升自己的人，才能跟上时代的步伐，顺势而为，乘势而上，在竞争激烈的世界里获得自己的一席之地。

老子说："没有规矩，不成方圆。"保持自律的态度，才能有自由的人生，用有序的生活方式走出低谷的人生，用专注的状态消除内心的慌乱，用不断调整升级的心态应对人生的变化。

成年人的社交真相：刻意合群，不如独处

微博上有网友提问：我不合群，需要改吗？

有人评论："不需要改，因为俄罗斯方块告诉我们，你合群了你就消失了！"

合群是一群人的狂欢，而成长更需要的是一个人的孤单。真实的社交真相是，愚者合群，智者同频。成年人的社交，从来都是求同存异，刻意合群，不如独处。

《奇葩说》曾有一期辩论是关于"不合群，要不要改"这个话题，有人说要改，因为不合群说明你不好相处，你脱离了大众；也有人说不改，因为这是对不合群的人的歧视；还有人说，坚决不能改，因为不合群说明你知道自己想要什么……

辩手颜如晶说："不合群只是表面的孤独，合群了才是

真正的孤独。"

这句话戳中了很多人，日常社交中，有多少人选择合群，是因为害怕孤独？相反，选择不合群的那些人无疑是内心强大的，因为他们战胜了内心的恐惧和脆弱，敢于面对自己真实的需求。

作为成年人，如果忽视自己的内心，刻意追求合群，那么这不叫合群，叫伪合群！与其沦陷在伪合群的陷阱里，不如专注自我，选择独处，在安静的时光里强大自身。

＊　＊　＊

我刚工作时，经常打交道的小芳将我拉进了一个微信群，说大家会经常组织聚餐。我很感激她，毕竟作为一个新人，被集体接纳也是很重要的一件事。于是，她带着我参加了第一次聚餐。

在一家烧烤店，有十多个人围着很长的餐桌，打游戏的、聊天的、讲故事的……其中不乏一些人在吹嘘和炫耀。我感到不适，因为大家全程没有一点有意义的交流。客套的敷衍，机械式的吃喝玩乐，违背本心地找话题，压抑的氛围和令人生厌的讨论，都令人疲倦、窒息。

消耗自己的时间和精力去做一些毫无意义的事情的"合群"，就是一种"伪合群"。它让我们忽略自己、委屈自己，从而迎合他人，获得外界的认同。久而久之，我们会逐渐失去真实的自我。

这种聚餐其实就是没有意义的"伪合群"，浪费时间。

好不容易活动结束，在群里看到平摊费用人均上百，我再次感到无奈，看到群里大家纷纷发出来的转账记录，我默默把自己那份随上。但心里想，以后再不参加这种活动了。也是这次聚餐让我意识到，自己根本不适合这个圈子，如果强行融入，我只会感到压抑。后来，尽管小芳极力邀约，但我再也没参加过这样的活动。

为了显得合群，选择加入一个圈子，到最后却发现，我们不仅没有从中得到收获，反而浪费了时间、金钱，甚至消耗了对人际和社交的热情。所以，比起刻意追求合群，更重要的是要学会享受独处，不断提升自己，塑造更强大的自我。

＊　＊　＊

记得读大学时认识的一个女生，很不合群。那时大家都有自己的小团体，只有她一直独来独往，从不和人组团。当室友忙着学化妆、谈恋爱、逃课时，她却总是背着双肩包行走在寝室、食堂、教室和图书馆之间。当班上同学都在积极参加各种社团活动时，她却拒绝了邀请，选择独自在图书馆查资料、写课题。大家都说，她是一个孤僻的人。

到了大三下学期，要开始准备论文，我们才意识到，大学三年过于荒废，开始为写不出论文发愁，为找工作担忧。大家都身处焦虑，唯有她是例外，因为她被顺利保研了。这个结果让我们深感意外，却又在情理之中。毕竟在我们嘲笑她不合群时，她已经默默努力了无数个清晨和傍晚。在我们追求合群，追求一群人的狂欢和喜乐时，她选择了一个人的孤独和坚持，那些独处的学习时光早已预示着她的成功。

因为刻意追求合群，我们耗费了大量的时间精力，收获的却是一事无成的懊悔与沮丧。倘若我们内心足够强大，又怎么会轻易被伪合群打倒？

人最应学会聆听内心，做真实的自己，而不是在盲目合群中迷失自我。我们应该学会独处，利用独处时间去提升自己，找到自己真正的热爱，强大自身。

只有弱者才会一味追求合群，不断沉沦；而强者不仅忠于自己的内心，还善于独立思考，利用独处来不断强大自我。

有时候，我们总是太过于在乎外界的看法和评价，于是百般迎合，强行合群，从而失去自我。《围炉夜话》中有言："滥交朋友，不如终日读书。"你以为在合群，其实，只是被平庸所同化。维持社交关系的最好方式，是让自己的实力越来越强，将时间和精力用来提升自我，才会有惬意的人生。

* * *

刻意追求合群，是一种伪合群，是对自己、对生活的妥协，我们要学会合理地合群。年幼的小鹅，放在鸭群里是只公认的丑小鸭，只有找到属于他的天鹅群，才能感受到和同类在一起的美好。不是一类人，刻意迎合，反而会让人觉得不舒服。

比起伪合群，那些不太合群的人更加清晰自己的目标和需求，懂得追求自己想要的东西，喜欢在独处中沉淀自己，在作品中展现自己。冯骥才先生曾说："平庸的人用热闹填补空虚，优秀的人以独处成就自己。"拒绝合群，选择独处，利用独处沉淀出更优秀的自己。

其实，不需要刻意去合群、放弃自己融入集体，适当地将精力多花在自己身上，学会和孤独握手，反而会更加舒适从容。

学会独处，才能拥有更多思考时间，去明晰内心的真实需求，去不断提升学习和工作效率，去摆脱纷繁复杂的人际关系，从而重获内心的平静和情绪的安稳。

余华曾在《细雨中呼喊》写道："我不再装模作样地拥有很多朋友，而是回到了孤单之中，以真正的我开始了独自的生活。有时我也会因为寂寞而难以忍受空虚的折磨，但我宁愿以这样的方式来维护自己的自尊，也不愿以耻辱为代价去换取那种表面的朋友。"

与其被虚构的热闹和人群所束缚，不如享受一个人的孤独与自在。那些浮于表面的关系并不能带来真实的快乐与安慰，只会放大内心的空虚与无助。

在现实生活里，我们有很多这样的经历：为了合群，我们会交很多朋友、经常参加各种聚会、认识很多人，自以为是社交高手，然而很多关键时刻，竟然不知道找谁才好。

我们不断追问合群的意义到底是什么？为什么认识那么多人，到最后依旧觉得没有什么用？为什么通讯录里有这么多人，却基本上很多都没有再联系？

刻意追求合群的本质是低质量社交，实际上毫无意义。

只有拒绝无效社交，做真实的自己，才能利用独处时间不断增强实力。只有不断提升自己，才能吸引同频的人，进入更优质的圈子。

做自己这件事，难守难攻

人活一世，难免会遭遇深沟暗渠。一不小心，便容易随波逐流，迷失自我。无论身处何种境地，唯有守住自己，方能在泥沙俱下的人世间走出一条光明大道，行稳致远。

守住自己的言行

《庄子·人间世》有云："言者，风波也；行者，实丧也。"意思是说，人的言论就像风动水波一样，不经意间的一句话，就可能带来不必要的麻烦。

明代大学士徐溥在少年时代，为了检点自己的言行，在书桌上放了两个瓶子。每当心生一个善念、说出一句善言或做了一件善事时，便往瓶中投入一粒黄豆；若言行有什么过失，便投入一粒黑豆。天长日久，瓶中的黄豆渐多，黑豆却无。直到后来为官，他还一直保留着这一习惯。因为他言语有节，行事恭谦，严于律己，却从不究人小过，在朝中多年，谨慎如斯，因此成为一代贤相，以"四朝元老"的殊荣告老还乡。

《论语》有云："讷于言而敏于行。"为人处世，说话做事要深思熟虑，言不妄出，行之谨慎。**守住自己的言行，便是守住安身立命的智慧。**

守住自己的内心

村上春树说："别人怎么说与你无关，尽管按照自己的意愿去生活。"如果一个人能被别人轻易地打破内心的平静，那么他对自我是没有掌控的。

有位同学曾在微信群里说，她每看一遍朋友圈，内心就忍不住一阵翻腾——有人在马尔代夫潜水，有人在芭堤雅跳伞，有人晒着孩子的大学录取通知书，有人住豪宅、开豪车。她呢？在格子间里吹着风扇，吃着盒饭，汗水粘在额头上，翻到块肉都觉得欣喜。每每想到这些，她就觉得焦躁、难过，总会想凭什么别人有钱、有休闲时间，自己却如此差劲？当她闲下来时，满脑子都是如何一夜暴富的想法，根本无心做事。即便工作起来，她也是看领导不顺眼，看同事觉得烦。

其实，心是无垠无际的，如果从心里生出的欲望不加限制，就是一个无底洞。这时无论你得到多少，你都会觉得远远不够。

歌德曾说："每个人都应该坚持走为自己开辟的道路，不被流言吓倒，不受他人的观点牵制。"守住自己的内心，便是守住了纯粹自我的珍贵。

守住自己的节奏

有一个热爱跳舞的白族小姑娘，自小常在乡野间观察蜻蜓和蝴蝶，通过模仿它们的肢体动作，琢磨出一套舞蹈动作。就这样，她凭着自身的努力和天赋，从山村田野一路跳进了中央民族歌舞团。后来，她独创的孔雀舞不仅拿下全国舞蹈大赛冠军，7 次登上了央视春晚，还跳出了国门，完成了从舞者到"舞神"的蜕变，成了人们心中的神话。她就是舞蹈艺术家——杨丽萍。

然而，当杨丽萍在社交网络平台上发出一段日常吃火锅的视频后，网友的一条"一个女人最大的失败就是无儿无女"的评论一石激起千层浪，瞬间让她备受争议。

面对嘲讽，她袒露心声："有些人的生命是为了传宗接代，有些是享受，有些是体验，有些是旁观。我是生命的旁观者，我来世上，就是看一棵树怎么生长，河水怎么流，白云怎么飘，甘露怎么凝结。"

有人三分钟泡面，有人三小时煲汤；有人选择种小麦，有人选择种玫瑰；有人20岁结婚，却把生活过得一团糟，有人30岁单身，却活成很多人想要的样子。

有一首诗中这样写道："纽约的时间比加州的时间早3小时，但加州的时间并没有变慢。"作家周国平曾与朋友有过这样一段对话——他的一位酷爱诗歌、熟记许多名篇的朋友感叹道："有了歌德，有了波德莱尔，我们还写什么诗！"周国平与他争论道："尽管有歌德，尽管有波德莱尔，却只有一个我，我是歌德和波德莱尔所不能代替的，所以我还是要写。"

不管是按照别人的想法活，还是活成别人的样子，都是对人生最大的误解。我们每个人都应追随自己的心，活成独一无二的自己。

守住自己的节奏，便是守住从容笃定的人生。

* * *

《中心》一诗中写道："你必须守住自己偏远的中心，地动天摇也不要迁移。如果别人以为你无足轻重，那是因为你坚守得还不长久，只要你年复一年原地不动，终有一天你会发现，这个世界开始围绕你旋转。"

心若不乱，万事皆安。**生活波澜，命运起伏，我们虽无力斡旋，却可以选择以何种姿态迎之**。愿你我都能守住自己，谨言慎行，保持自我，不慌不忙，活出清醒、通透的人生。

心若蓬勃则必胜，心若衰败则必弱

很多人做事不顺，往往不是败于方法，而是败于内心的负面情绪：恐惧、不甘、愤怒……唯有内心稳定，才能自尊自信，从容应对人生。

想要培养稳定的内心，有四个办法可以帮助你：杜绝内耗、减少期待、坚定自我、目标明确。

成为内在稳定的人，不惧前方风雨交加，世界也会对你温柔以待。

杜绝内耗

蔡澜说，人生大部分的焦虑，都源于想太多，内耗越来越严重。

在工作或生活中，你是不是经常会遇到这种情况？遇到事情时总会胡思乱想，内心焦虑地上演了一部部大戏，等到做事时已经疲惫不堪。

《星空中的对话》中谈到，现在的人因内耗而容易产生焦虑。对此，张朝阳给出了好的建议：**面对焦虑情绪，不必急于消灭，而是去做该做的事情。**

有位网友讲过这样一个故事：曾经的自己贪图安逸，选择了离家近、薪水低的工作，但他很快就发现自己曾经的工作经历竟然毫无优势，而且失业的恐慌也迅速击垮了他。在相当长的一段时间里，他不断地怀疑自己，质疑自己的能力，深深陷入了内耗的痛苦中。后来，在朋友的鼓励下，他认识到反复纠结没有用处，唯有付出实际的行动和努力才是正解。在就业不明朗的前景下，他顶住压力毅然辞职，转投其他公司成为一名培训师。他白天全身心投入培训工作，晚上坚持复盘分析。走出内耗、敢于行动的他在入职的第三个月就获得了新人最佳的业绩奖。

对于内耗，《人民日报》曾发文提到：不妨勇敢一点，大胆冲破禁锢自己的牢笼，打破那些不可能。想太多，反而耗尽了精力和动力，越来越惧怕付出行动。

停止内耗，大胆行动，才不会徒增烦恼，生活才会越过越顺利。

降低期待

心理学家吉洛维奇做过这样一个实验：他让一些大学生穿上知名歌手的 T 恤衫之后，去一间有很多学生的教室。按照设想，他认为这些大学生会因为穿了明星潮牌而受到在场学生的特别关注。实验结果却出乎预料，仅有 25% 的学生注意到了他们。

保持的期待越高，就越有可能得到更大的压力和更多的失望。**期待太高，会导致人和事之间都无法维持一个和谐的状态。**

越是什么都想要，越是什么都得不到，人生会陷入求而不得的循环往复中。聪明的人会用认真的心对待每个过程，以平常的心去对待结果。降低期待，就不会有更多的失望，生活反而会更和谐安宁。

坚定自我

法国现代原始画派画家萨贺芬，曾经是众人眼中的"怪胎画家"。白天，她忙碌于打零工赚点微薄薪水；晚上，她便借着微弱的烛火，如饥似渴地趴在地上画画。周围的女工都不理解她的行为，嘲弄她省钱买颜料还不如买煤炭取暖实在。

萨贺芬毫不在乎周围人的议论，就这样默默地坚持了40多年。命运终于青睐了她，法国艺术评论家伍德被她独一无二的天赋和灵气打动，当即表示要资助她学习并为她开画展。这给了萨贺芬极大的信心和鼓励，为了实现在巴黎开画展的梦想，她更加投入创作。

造化弄人，战争的爆发使得萨贺芬的梦想破灭了。面对被战乱和贫困摧毁的家园，周围的人都选择麻木度日，唯有萨贺芬心中仍坚守着对画画的热爱。她选择每天只吃一顿饭，尽可能地节省下钱用于画画。

十多年后，伍德再次遇到了萨贺芬，他震惊地发现萨贺芬不仅没有放弃画画，而且还创作出了更多优秀的作品。在伍德的帮助下，萨贺芬的作品迅速获得了认可和好评，萨贺芬也因此成为名留青史的艺术家。

《菜根谭》中提到：不为外相所惑，保持自我。**做人，无论在外部遇到怎样的诱惑和挑战，都应该做好自己**。生活中，人常常会因为不自信而去听从他人的意见，这反而导致做事时举棋不定。《人民日报》曾发文提到：不同的选择给予你不同的生活路径，只要认定你内心真正想要的，并持续为之努力，每个人都会成为自己的人生赢家。所以，自己的命运只能被自己主宰，不要被他人的想法所干扰，认定自己内心的渴望并努力为之奋斗，才有可能到达你想要去的彼岸。

目标明确

王阳明说："志不立，天下无可成之事。虽百工技艺，未有不本于志者。"意思是说，如果你没有志向，任何事情都做不成。即使有千百种技艺存在，但如果你没有目标，也做不成任何事。

想成事，必须设定清晰的目标，才会有努力的方向和动力。

青年作家张萌，初中时恰逢申奥成功，受到鼓舞的她在一次班会上表示自己要当奥运会志愿者。因为她平时沉迷游戏、成绩很差，老师不仅嘲笑她没有资格，平时交好的同学们也纷纷表示怀疑。被挖苦、讽刺、嘲笑后，张萌从之前浑浑噩噩的生活中惊醒过来，她发誓一定要当上奥运会志愿者。

为了这个看似不可能实现的目标，她付出了超乎寻常的努力：凌晨两点还在学习，高考前甚至一度每天学习 20 小时，最终成功考入全国著名的浙江大学。因为奥运会志愿者是在北京学习的大学生中选拔的，她在所有人的不理解中选择退学，弃理从文，考入北京师范大学。

大学时得到了与知名模特公司进行签约的机会，她也毫不犹豫地放弃了。凭着这一股执着和渴望，张萌从志愿者候选队伍中脱颖而出，最终成为当时唯一的大学代表及第一批奥运火炬手。

电影《银河补习班》中有句台词："人生就像射箭，梦想就像箭靶子，如果连箭靶子也找不到的话，你每天拉弓有什么意义？"很多时候，我们习惯了随波逐流，学习时没有兴趣，工作时没有动力。长此以往，我们的人生将会越来越脱离掌控。

学会为人生设定目标，即使努力的过程再辛苦劳累，也会怀揣实现最初梦想的勇气砥砺前行。**心若蓬勃则必胜，心若衰败则必弱**。这四种方法，会让你变得温柔而强大，充满力量和信心。

生活没有固定的轨迹，只有内心稳定，才能使你快意时不骄不躁，失意时毫不失志。

只有减法能解复杂的人生方程式

提起"减法思维"，乔布斯是不能不提的一个人。他的那句经典名言"Less is more（少即是多）"，至今仍为世人所传颂。乔布斯是严格的素食主义者，经常长时间只吃一两种食物。女儿丽萨曾这样评价他的饮食习惯："乔布斯知道大多数人不知道的道理，那就是物极必反。并且他深信，匮乏即是富足，自律才会产生喜悦。"

生活中，大部分人认为拥有就是幸福，但没想到幸福是放弃拥有。**决定人生是否幸福的关键，不是你拥有了什么，而是你舍弃了什么**。学会给生活做减法，是一种全身心体验人生的生活方式。

物欲上做减法

每个人的精力都是有限的，很难做到处处留心，事事尽力。不能克制物欲的人就像一个提线木偶，任凭欲望侵扰，听之任之。大多数人的失败，不是因为机会太少，而是机会太多。

很喜欢电视剧《财阀家的小儿子》中的一句话："虽然人们理性上总是说，要满足自己所拥有的，但欲望总是站在失去的失落感那边。"

欲望如璀璨烟花，短绚即散；知足如静水流深，沧笙踏歌。生活中很多充满诱惑的选择，像一个个深不见底的黑洞，使我们迷失其中。

减少对物欲的贪念，是善待自己的表现。管理好自己的物欲，可以让你更靠近自己想要的生活。

社交上做减法

"在家靠父母，出门靠朋友"，这个金句被多数人奉为圭臬。

很多人年轻时热衷于"交朋友"，为自己找出路，比如经常参加各种大型聚餐活动，与陌生人推杯换盏、觥筹交错。但当朋友交多了才发现，真正担得起"朋友"二字的人，寥寥无几。

作家苏岑说过："不必把太多人请进生命里，若他们走进不了你的内心，就只会把你的生命搅扰得拥挤不堪。"减法的本质是选择，你选择了应酬，就放弃了交心；你选择了酒肉朋友，就放弃了人生知己。

生活中，与其浪费时间应酬无关紧要的人，不如把精力放在值得深交的人身上。在《你手机里的常用联系人有几个？》的社会实验短片中，有这么一个小实验：参加实验的人，手机里都存有上千个好友。导演要求他们把通讯录里自己从未见过的人及因为工作等不得不联系的人都删除。实验结果出人意料，删除好友后，参加实验的人发现通讯录里只剩下2~3个人了。

心理学上有这样一个理论：在人际关系这件事上，人的脑力是有限的，它允许每个人拥有稳定社交关系的上限为148人，而深入交往的仅为20人左右。

多个朋友不一定多条路，因为在真正需要时，那些我们以为的"出路"很可能都是死胡同。聪明的人从不浪费时间去经营人脉，不是他们不乐于交朋友，而是他们对朋友有选择。

人生很贵，不是每个人都值得深交。 学会给社交做减法，是我们的人生必修课。

情绪上做减法

民国传奇杜月笙曾说过："头等人，有本事，没脾气；二等人，有本事，有脾气；末等人，没本事，大脾气。"愚蠢的人容易情绪波动，聪明的人懂得控制情绪。

一个控制不住自己情绪的人，很容易深陷情绪的沼泽而不能自拔。限制我们人生发展的，很多时候不是才干，而是情绪。

春秋末年，越王勾践攻打吴国失败，成了吴国的奴仆。作为奴仆，勾践每日都蓬头垢面，很多时候，连衣服和鞋子都没得穿，只有一块破布包裹下身。

平日里，他需要给吴王夫差喂马，下跪给吴王垫脚上马，出行给吴王当牵马人……受尽屈辱的勾践，并没有怨天尤人。他表面上逆来顺受，私底下却在谋划复仇大业。10年的卧薪尝胆，他再次起兵，一举灭吴。

拿破仑曾说："能控制好自己情绪的人，比能拿下一座城池的将军更伟大。"平庸的人用情绪填补失意，优秀的人以克制成就自己。

电视剧《风吹半夏》中有这么一个情节。女主许半夏跟自己的生意伙伴伍建设等一群人去俄罗斯做买卖。由于同伴的疏忽，没了解清楚对方的背景，所有人的钱都被骗了。这笔被骗资金对其他人来说事小，但对许半夏来说是她的全部家当，因为这笔钱，是她欠债筹来的。

面对人生中巨大的打击，许半夏并没因此哭哭啼啼，要死要活的，而是咬着牙，强忍着泪水，保持清醒的头脑，先做好眼前能做的事。在其他人怨声载道时，她沉默不语，静静地思考下一步该如何走；在别人放弃、离开时，她独自留下，最终发现新的商机，扭转了局面。

心理学上有一个著名的法则，叫"费斯汀格法则"，指生活中的 10% 由发生在你身上的事情组成，而另外的 90% 则是由你对这些事情的反应所决定。人有情绪是正常的，但不能沦为情绪的奴隶。生活中谁都有满地鸡毛的时候，但这绝不能成为你任意宣泄情绪的借口。整理好自己的情绪，积极面对生活，才能夺得生活的主导权。在人生失意时，学会控制情绪，努力走过艰难灰暗的时光，活成自己的太阳。

真正通透的人生，都有"减法思维"

　　曾看到一个故事：有一个非常苦恼的年轻人去找禅师诉苦。他和禅师唠叨了半天都没说完，禅师便让他双手捧着一张纸跪在佛像前，并叮嘱他一直保持这个姿势，便离开了。他就这样保持一个姿势不动，刚开始还好，时间久了，他觉得这张纸越来越重。

　　禅师回来后问他："你觉得这张纸沉吗？"他说："太沉了，我都快撑不住了。"禅师又问："撑不住了你为什么不把它放下呢？学会放下，你不就轻松了？"

　　生命中很多的烦恼与痛苦，都源于不肯放下。林语堂先生曾言："生活的智慧在于逐渐澄清、滤除那些不重要的杂质，而保留最重要的部分。"我们生命中真正需要的东西不多，真正有价值的就那么几样。

　　繁华从来不是生活的常态，简单才是。学会丢弃多余的东西，远离无效社交，失意时控制糟糕的情绪，人生才能清除冗余，走向素简。

停止暴露自己，学会隐藏自己

唐代书法家徐浩在《论书》中说过这样一句话："用笔之实，特须藏锋，锋若不藏，字则有病。"诚然，写字如此，人生亦是如此。

在这个光怪陆离、纷纷扰扰的时代，若凡事总是争强好胜，遇事不懂得收敛，吃亏的往往是自己。

懂得藏锋、藏怒、藏言，才是做人的最高境界。

藏锋，低调做人，不恃才傲物

古语有云："故木秀于林，风必摧之；堆出于岸，流必湍之；行高于人，众必非之；前监不远，覆车继轨。"

凡事过于张扬，自作聪明，不仅会让人感到不舒服，还会给自己引来祸端。三国时期的杨修就是一个典型的例子。

　　杨修天资聪颖，年少有为，却恃才傲物，自作主张，不懂得低调做人，最后因为自己的小聪明丢了脑袋。有一次，曹操让工匠建花园，花园落成当天，曹操转了一圈，什么也没说，在门口写了一个"活"字就走了。工匠们一头雾水，于是就去请教杨修。杨修听后，笑了笑说："门内添'活'字乃'阔'字，说明你们把门造大了，丞相不满意。"工匠们恍然大悟。曹操再去花园时，惊奇地发现门造小了。工匠们便把事情的经过说了一遍。曹操表面上称好，心里却十分不悦。

　　还有一次，曹操出兵汉中进攻刘备被困，进退两难，终日夜不安寝，食不下咽。一天，厨师给曹操送了一碗鸡汤，正好夏侯惇进来，请示今晚的口令，曹操随口说了句"鸡肋"。夏侯惇出了行军帐篷，撞见杨修，就告诉了他今晚的口令。杨修听后说："你赶紧让士兵收拾东西，启程回朝。"夏侯惇疑惑地问："此话怎讲？"杨修解释道："鸡肋食之无味，弃之可惜。如今，进不能胜，退又怕被耻笑，在这里干耗着，也没什么意义，过不了几天，丞相就会让士兵收拾东西。我只是让大家提前收拾，免得临时慌乱。"曹操见军中上下都在慌忙地收东西，问清情况后，得知又是杨修自作聪明。于是，命人把杨修抓起来，以扰乱军心的罪名，把杨修杀了。

很认同林语堂曾说过的一段话："聪明达到极顶处，转而见出聪明之害，乃退而守愚藏拙以全其身。"

真正聪明的人，从不会四处张扬显摆自己，而是懂得藏而不露，低调做人。就像金庸笔下的扫地僧，看似平凡无奇，实则是内力深厚的武林高手。

人活一世，终归要明白：锋芒不露，则事事顺遂；锋芒毕露，则寸步难行。

做人的最高境界，无非就是：有才内敛，不恃才傲物。唯有如此，人生的大道方能一路顺遂、畅通无阻。

藏怒，收敛脾气，不做情绪的奴隶

《中华圣贤经》中记载："急则有失，怒中无智。"真正聪明的人，绝不会被情绪左右思绪，而是懂得遇事沉着冷静，不急不躁。

美国南北战争时期有这样一个故事。有一天，陆军的部长斯坦顿愤怒地找林肯告状。他气呼呼地对林肯说："有位少将用侮辱性的话指责我，说我偏袒一些人。"林肯了解事情的脉络后，建议斯坦顿写封语气尖刻的信，狠狠地骂一顿，回敬那家伙。于是，斯坦顿立刻写了一封言辞强烈的信，然后拿给林肯看。

林肯看后，拍案叫绝、高声叫好："对了，对了。要的就是这样，好好训他一顿。"可当斯坦顿把信叠好装进信封里时，林肯却叫住他，问道："你这是干什么？"斯坦顿说："寄出去呀。"

林肯大声说道："不要胡闹，这封信不能寄出去，快把它扔到炉子里去，凡是生气时写的信，我都是这样处理的。你在写信的时候，已经解了气，现在感觉好多了吧？那么就请你把它烧掉，然后再写一封信吧。"

试想一下，如果当时斯坦顿把信寄出去，又会是怎样的结果呢？不光两人会产生隔阂，还可能会影响当时的军事发展，得不偿失。

《圣经箴言》里有这样一段话："愚妄人怒气全发，智慧人忍气含怒。"意思是说，愚蠢的人遇到事情，只会用情绪说话，而智慧的人，则懂得先处理情绪后处理事情。

常言道，人在盛怒之下，智商为零。诚然，人在情绪失控时，做出的大部分选择都是错误的。

人非圣贤，难免会有情绪失控的时候，只是聪明的人，

都懂得藏怒，遇事先控制情绪罢了。

做人的最高境界，就在于收敛脾气，不做情绪的奴隶，冷静思考做事。如此，方能做出正确判断，从容处事。

藏言，从容处事，不做无谓的争辩

林肯曾说过一句发人深省的话："任何决心想有所作为的人，绝不肯在私人争执上耗费时间。"

深以为然，人活一世，难免会遇到蛮不讲理或意见不合的人，与其浪费时间争得面红耳赤，不如不争，去做更有价值的事情。

有一次卡耐基参加一位朋友的宴会，在饭桌上大家侃侃而谈，其中有位客人说了一句话，并信誓旦旦地说此句话来源于《圣经》。坐在一旁的卡耐基听后纠正客人，此话出自莎士比亚。客人感到很没面子，恼羞成怒，于是两人争论不休。后来，卡耐基转头问身边的朋友，此话的出处。朋友看了一眼客人，说道："此句话就是出自《圣经》。"客人听后，一脸的骄傲得意。

宴会结束后，卡耐基不满地问朋友："明明是对方错了，你为何说是我错了？"朋友平静地回答："首先，当众让对方难堪，是一种很不礼貌的行为；其次，并不是所有人都和你一样博学多才。"卡耐基恍然大悟，才有了后来的醒世名言：**在争论中获胜的唯一方式，就是避免争论**。

很喜欢加措活佛说过的一段话："不争就是慈悲，不辩就是智慧。"

生活中，有不少人，都吃过"嘴"上的亏。当我们遇到与自己意见不合或不讲道理的人时，我们要做的不是试图说服对方，不是与对方争辩是非对错，而是闭上嘴，让自己保持头脑清醒。要知道，成年人的精力有限，与其浪费时间争辩无意义的事情，吃力不讨好，不如保持沉默，不予理会，去做更有意义的事。

正所谓，圣人之道，为而不争。

做人的最高境界，莫过于：藏言，不在不重要的人和事上浪费口舌，浪费时间，做无谓的争辩。

常言道：大鱼沉水底，小鱼浮水面。真正厉害的人早就懂得藏起来了。藏锋，不显山不露水，才能顺风顺水；藏怒，遇事冷静思考，方能理智行事；藏言，不争是非对错，专注过好自己的生活。

你听到得越少，活得就越好

近几年，降噪耳机备受青睐。环境再嘈杂，只要戴上一副降噪耳机，再多的声音也瞬间与你无关，你可以选择听见自己想听的声音。

快节奏的当下，被各种声音包裹的我们愈加觉得茫然，想要更高效地活出自己的价值，就需要学会为人生降噪。

专注当下，屏蔽外界杂音

你有没有过这样的经历？

工作时间，同事们在聊八卦，你听着听着，不知不觉就到了下班时间，手头的工作还毫无进展；刚拿起一本书，微信提示音响起，于是忍不住拿起手机看了起来，再放下时已经是深夜。太多的信息时刻分散着我们的注意力，把宝贵的时间一点一点吞噬。在信息爆炸的时代，各种声音不绝于耳，安静成了一种奢侈。

某公司的法务部部长徐姐说，当初她刚入职，自以为只要懂得处理关系，就能升职加薪。于是她把重心放在讨好领导和同事上，在发言和应酬上比谁都主动。可最后，不仅职业资格证书没考下来，绩效还低得可怜。

她这才明白，热闹喧哗都是表象，工作最终看的还是个人能力。于是，她把手机里的娱乐软件全部卸载，拒绝所有约会和应酬，在每天午休和下班后的四五个小时里，她独自在公司的阅览室里看书。阅览室的大门隔离了一切打扰她的声音，让她能暂时忘记社交，心无旁骛地学习。同时，她也把这样的专注力用在工作上，当同事们聊天八卦时，她就戴上一副耳塞，不听是非，一心工作。

在主动开辟的宁静空间里，她不断地提升自我，接连交出令人惊艳的成绩。经过几年的努力，她从一众员工中脱颖而出，成功竞聘为法务部部长。

曾经我们以为热闹是生活的必需品，在乎每一条消息，不愿错过每一场聚会。直到经历多了，我们才知热闹易得，安静可贵。

马伯庸在《长安十二时辰》被翻拍后，名声大噪，商务合作邀约不断。他却在构思出新的小说情节后，只顾埋头写作，只用 11 天便完成 7 万字的小说《长安的荔枝》，再次火爆全网。

安静独处的时光往往是一个人成长最好的时机。主动屏蔽无关的喧嚣，在繁弦急管中主动开辟一方净土，方能沉淀自己，把生活越过越好。

清理心房，过滤闲言碎语

乔布斯曾说，不要让别人的议论淹没你内心的声音、你的想法和你的直觉。太在意别人的评论，只会给自己套上枷锁，乱了本心。

表姐买了一个性价比很高的二手房，却不见她开心，只见她愁容满面。原来，刚搬进新房，婆婆就说这房子窗户少了，空气流通不行。没过几天，朋友们来做客，一个说房子太老，一个说格局不好，一个说空间太小……听了这些话，表姐越看房子越觉得差，陷入了深深的后悔中，整日抱怨，甚至想把房子转手甩卖。

她在外界的评论里，丧失了自己的判断，陷入了焦虑。

殊不知，嘴长在别人身上，人生却在自己手里。无论是谁，他人终究是你生命的过客，只有自己才是生活的掌舵者。

余华在《活着》一书中写道："生命属于每个人自己的感受，不属于任何别人的看法。"无论我们在人生路上处于高峰或低谷，都无法阻止别人说长道短。过分在意他人的指指点点，只会徒增心灵的负担；旁人的品头论足，如果全然相信，只会使自己迷失。不生活在别人的嘴里，把闲言碎语过滤在外，才是难得的清醒。

接纳自己，停止自我声讨

在《停止你的内在战争》里有这样一个案例：一个妈妈带儿子去公园玩，儿子和另一个小朋友推搡了一下，哭了起来，她立刻冲上前，大声指责那个小朋友的妈妈，跟对方激烈地争吵。可吵完之后，她却开始深深地自责：

"我是不是太没素质了，给孩子树立了坏榜样？"

"我真是个没用的妈妈，连孩子都没保护好。"

"我怎么这点小事都做不好，吵架都吵不赢别人。"

孩子早已忘记了这个插曲，她却几天几夜睡不好觉。其实，她一直是个优秀的妈妈，但她越想做个完美妈妈，对自己就越严苛，不断给自己加码添负，生怕做错一点。结果，她在重重压力下精神崩溃，只能寻求心理咨询师的帮助。

而心理咨询师给她的建议，是做个 60 分妈妈，停止向自己"找茬"。生活已经很难了，如果自己还站在自己的对立面，那人生就只剩下无尽的痛苦。多给自己一些认可与包容，拥抱不完美的自己，好运才会纷至沓来。

✳ ✳ ✳

被誉为华人脱口秀领军人物的黄西，曾经也深陷自我声讨中。面对老师课堂上提出的问题，他明明知道答案，却不敢举手回答，因为脑海里总有个声音告诉他——"你答不好的"。工作八年，他干的活最多，却从不敢居功，即使他发明了公司唯一一个专利，也因为不敢申请，只能眼看别人抢走功劳。就连跟父母说话，他都紧绷着神经，总觉得自己不能让父母满意。

在自我否定里，他活得消极又悲观。后来他决心改变这一切，用脱口秀的方式调侃自己，把那些年的内耗经历变成脱口秀中的一个个段子，讲给观众听。最后，他不仅收获了观众的掌声，也走出了自卑，成为出色的脱口秀演员。

《蛤蟆先生去看心理医生》中有一句话："没有一种批判比自我批判更强烈，也没有一个法官比我们自己更严苛。"深以为然。许多时候，我们痛苦的根源，就是自我否定。一味自责，只会反复咀嚼痛苦；接纳自己，才能在阴霾中得见微光。

当我们停止自我声讨时，才会发现，那些我们曾以为跨不过去的深堑险沟，不过是一处处浅滩。

世间喧嚣，信息庞杂，我们无法避世而出，南山结庐，能做的只有在闹市中，主动为自己降噪。莫为追逐热闹，丢失初心；莫因旁人言语，扰了心绪；莫陷自我声讨，故步自封。

在人生这场修行中，摒弃杂念，守一颗清净的心，收获更强大的自己。

第五章

关照自己的情绪

✳ ✳ ✳

情绪管理在人际沟通过程当中虽然不是万能的，但如果我们不做好情绪管理，是万万不能的。

当你把自己活明白，成年人的生活就容易了

向内归因，凡事先从自己身上找原因

孟子说："行有不得者，皆反求诸己。"遇到事情，愚者总是向外找借口，智者总是善于向内探寻，凡事先从自己身上找原因。

真正厉害的人，都懂得俯身向内，向自己的内心深挖，从而精进自己。向内探寻，能够提高自我认知；向外探索，可以提高执行能力。**一个人只有学会向内思考，才能向外生长**。如果过于关注外界的喧哗，忽略了对自我的反思和专注，无异于本末倒置。

心理学上，有一个"课题分离"理论：在人际关系中，区分清楚哪些是别人的课题，哪些是自己的课题。无论遇到

多么复杂的问题，我们能够解决的都只是自己的课题。遇到问题时，与其指责或抱怨别人，不如先从问题出发，向内归因，找到与自己相关的课题，积极寻找解决方案，做好自己应该做的事情。唯有在可控范围内迅速解决问题，才能避免更大的损失。

享受独处，学会给自己增值

胡适曾说："独处是自律的开始，因为在独处的时候，人们必须诚实地面对自己。"的确如此。一个人只有独处时才能集中全部的精力。

《新周刊》曾评价村上春树不是作家，是生活家。这是因为成名后的村上春树并未被名利诱惑所困，而是花更多的时间来独处。常年的独处时光并不曾让他孤独，反而使他更充实，受益终身。他常年一个人去跑步，身体因此变得更加健硕。生活和工作中的压力也在跑步中随着汗水一同释放，精神和身体状态都好过之前太多。

独处也让村上春树有了更多的时间丰富自我，他写作、翻译、阅读、绘画。

叔本华说："只有当一个人独处的时候，他才可以完全成为自己。独处是对定力的考验，也是一个人最好的增值期。"

独处时，我们面对的是完整的自己：不用迎合、不需要刻意，只用在意自己。我们可以按照自己的意志分配时间，通过自己的方式恢复精神和体力。**哪怕只是静静地欣赏一朵花，也是在慢慢滋养自己的精神，感受这个世界的美好，丰盈自己的灵魂。**

我们往往能够通过自己的感知和他人的反应来了解自己的不足。独处，让我们有机会向内审视，弥补不足，花时间调整自己，成为更好的自己。享受独处，学会给自己增值，坚持自己的理想，保持对生活的热爱，就会有源源不断的满足感。

忠于自己，不活在别人的眼里

弗吉尼亚·伍尔夫曾言："一个人能使自己成为自己，比什么都重要。"我们总说，要成为更好的自己，但是在快马加鞭的生活中，我们好像忘记了要先成为自己这件事。

《月亮和六便士》是毛姆广为人知的作品，但他在"二战"期间写的《刀锋》，同样值得我们深刻体味。《刀锋》的主人公叫拉里，是"一战"时的美国青年飞行员。"一战"后，美国经济空前繁荣，拉里参战回来也被当作英雄。在别人眼里，拉里有名声，有美丽的未婚妻，有亲友为他提供前景光明的工作，美好富足的生活在向他招手。但是拉里却没有活在别人的眼里，他在战争中见证了太多的死亡，对生命有着独特的感悟，他的自我意识开始觉醒。他并不像其他年轻人那样追求财富，而是叩问生命的意义。

毛姆写《刀锋》的时候，已经70多岁了，功成名就，享誉世界，凭借以往的作品就可以过上富足的生活。但在小说完成时，他说："写这本书带给我极大的乐趣。我才不管其他人觉得这本书是好是坏。我终于可以一吐为快，对我而言，这才是最重要的。"主人公拉里的选择和思考，就体现着毛姆的人生哲学。于毛姆而言，这本书是畅所欲言，别人的看法和评价只是虚无，他写了自己想写的东西，已经满足了。

叔本华曾说过："人性一个最特别的弱点就是，在意别人如何看待自己。"是啊，我们都太在意别人了，所以我们总是感到自卑、困扰，对结果感到焦虑。其实，与其铆足劲活成别人眼里的自己，不如摒弃这一弱点，忠于自己，使自己持续发光发热。

人生最可贵的就是忠于自己。不活在别人眼里，关注自己的内心、忠于自己最初的心愿，才能让我们走得更远。

培根曾说："深窥自己的心，而后发觉一切的奇迹在你自己。"

梭罗是美国著名的作家、哲学家，他放弃优渥的生活，在瓦尔登湖畔修建小屋，在湖畔沉思，在独处中自省，在微风与鸟鸣之间感受自己，最终写下《瓦尔登湖》一书。他在书中说："如果你把目光朝内看，就会发现，在你的思想中有一千个领域尚未被发现。"

向内看的人，找到的是清醒高效的世界，挖掘的是自由灿烂的时光，打造的是独立闪耀的自己。享受独处，学会给自己增值。忠于自己，不活在别人眼里。

愿我们今后都能向内挖掘，面对自己的内心，看到真实的自己，在平凡中创造奇迹。

成为心态的主人，不做情绪的奴隶

《荀子》中曾曰："怒不过夺，喜不过予。"

高层次的人更懂得控制自己的情绪，更懂得为自己的情绪负责，懂得控制情绪中的人格和修养的意义，内心沉稳，喜怒不形于色。

一个人的层次不是由社会阶层、财富、学识、地域或出身背景决定的，而是由眼界、格局、经验、阅历、三观、自控力和情商来决定的。

✳ ✳ ✳

最近小梦和我说她又辞职了，这已经是她第三次辞职了，每次都工作不到三个月就直接走人。这次辞职的理由是老板不够重视她，总是安排她做一些无关紧要的工作。而真正的导火索是她和同事起冲突，还大打出手，说同事欺负她。事实上，是小梦太任性，容不得别人对她有一点意见。她的上司让她和同事和睦相处，相互退一步，可是她坚持自己是对的，然后在转正的第十天走了。

她说自己这次是真的想留下来，好不容易找到一个自己喜欢的工作，而且公司的环境和福利都好，可就是没控制住自己的情绪，太任性了，她觉得自己都已经当同事的面发脾气了，拉不下脸来道歉，最后只能离开。

她说完后一通抱怨："你不知道我实习期三个月过得有多苦，每天做的都是些杂事，端茶、倒水、买咖啡、打印文件，还兼清洁员。每天做着这些枯燥的工作，也没见给我安排什么比较重要的工作。"

我回答："谁的职场不委屈，谁开始工作不是从打杂开始的？每个人都有自己的情绪，你已经是成年人了，要学会为自己的情绪买单，不要栽在自己的坏脾气中。"

小梦如果不那么任性，能够控制住自己的情绪，她就不会像现在一样后悔，能够在自己喜欢的公司工作。她只要努力一点，主动一点，就会得到更多的机会和发展空间。

我们应该把自己的脾气和情绪调成静音模式，不动声色地对待工作。而真正优秀的人以成事为目标，会把伤害大局的坏情绪摆在一边。你只有控制住坏情绪，才能提升自己的能力。其实坏情绪就是你智慧不够的产物，如果你连自己的情绪都控制不了，即便给你机会也把握不住。

你要做的是成为心态的主人，而不是情绪的奴隶。

＊　＊　＊

琳琳和我说她妈妈总是控制不住情绪，还特别爱抱怨和唠叨。她妈妈的坏情绪就像传染病，传染给家庭里的每一个人，使得那一整天家里的氛围都是低沉的。

那天，琳琳爸爸买了一台有助于颈椎拉伸的器械床回来，这本是好事，可是在组装过程中遇到问题，组装好后不能很好地运行。琳琳的爸爸组装完赶着去工作了，琳琳的妈妈想试用一下，但是操作了很久，都不能达到好的效果，吃晚饭时，她妈妈一顿抱怨："这买的是什么东西，一点都不好用。还说是买给我的，其实是你爸自己要用的。你爸就是个自私自利的人……"她妈妈开启抱怨模式，完全停不下来。

琳琳本来在厨房里给她妈妈打下手，也想劝劝妈妈。可是她妈妈情绪一上来，就控制不住了，连带着数落琳琳。

琳琳妈妈控制不住坏情绪，使得原本一个氛围欢乐的家庭笼罩在一片愁云惨淡中。愤怒是一个人对这个世界毫无办法之后最无力的发泄，解决不了任何实质问题。

而层次越低的人，往往越控制不住自己的情绪。他们的心胸和眼界太狭窄，素养和自控力也不够，只能借发泄坏情绪来表达自己的不满和愤怒。杨绛说，如果你是对的，就没必要发脾气；如果你是错的，就没资格发脾气。

层次越高的人，越懂得控制自己的情绪。他们不会被坏情绪俘虏，不会用坏情绪来向他人宣泄自己的不满。他们理智且充满智慧，明白宣泄情绪根本解决不了任何问题。

希望我们都能控制住自己的脾气，完善自己的个性，做一个高修养、高层次、高情商的人。刚者易折，柔者长存。

最高明的处世之道：管好情绪

1903 年，德国化学家奥斯特瓦尔德收到了一篇不知名的稿件。那天他牙痛难忍，情绪非常糟糕。他大致看了一眼，只觉得全篇都不知所云，便顺手把文稿扔进了废纸篓里。几天后，他的牙痛好了，心情大好，突然又想起了那篇论文，就从废纸篓里把它拣了出来，竟发现这篇论文其实写得非常出色，有极高的科学价值。于是，他立刻给一家科学杂志社写了信，加以推荐。

后来，这篇论文不但发表了，还一举轰动了整个学术界，而论文的作者阿累尼乌斯也因此获得了诺贝尔奖。哪怕是如奥斯特瓦尔德这样伟大的科学家，一旦落入情绪的陷阱，也会瞬间沦为它的奴隶。

安东尼罗宾斯说过："成功的秘诀就在于懂得怎样控制

痛苦与快乐这股力量，而不为这股力量所反制。如果你能做到这点，就能掌握住自己的人生，反之，你就无法掌握自己的人生。"

在人生的赛道上，最后决定输赢的从来不是分数的高低，而是你对情绪的控制力。控制住了情绪，便是抢占住了先机。稳定的情绪能带来一辈子的好福气。

所有的坏情绪，买单的都是自己

作家刘娜说："情绪是一把枪，当我们扣动情绪的扳机时，枪口其实对准了自己。"它总是能在刹那间就轻易夺走我们的理智清醒、礼貌修养甚至人品格局，事后，往往还要付出惨痛的代价。

还记得心理学上那个著名的"野马效应"吗？吸血蝙蝠所吸的血量其实并不足以令野马死去，可野马遭到攻击后，疯狂地奔跑、蹦跳，试图甩掉蝙蝠，这才导致了它在与愤怒的对抗中精疲力尽而亡。

人在凡世间，游走红尘中，谁都难免会有心情烦躁的时候，或是被家庭的琐事缠得抽不开身，或是被工作的重担压得喘不过气。有时候，我们真的会觉得情绪难以自控，恨不得就这样放任自己，可那些肆意放纵的情绪非但不能解决问题，反而会让事情越变越糟，最后落得个如野马一般的下场。

把坏情绪带到家里，伤的是最亲近之人的心；放任坏情绪到工作中，影响的是自己的升职加薪。

稳得住情绪，才能留得住福气

心理学家兰斯·兰登在他的博客中记录过这样一个故事：有一次，他去餐馆用餐，看到一位顾客指着面前的杯子，对一名女服务员大声喊道："服务员，你过来！你们的牛奶是变质的，把我的红茶都糟蹋了！"女服务员连声道歉，承诺立刻给顾客换一杯。

新红茶很快就准备好了，女服务员端上来时，指着旁边放着的新鲜的柠檬和牛乳，轻声地说："先生，如果您要在红茶里放柠檬，就不要加牛奶，因为柠檬酸会使牛奶结块。"顾客听了这话，瞬间怒气全消，有些不好意思地说了声"谢谢"。

兰登正好在旁边目睹了这一切，等那位顾客走后，他便问女服务员："明明是他的错，您为什么不直说呢？"服务员笑着解释，因为他当时已经生气了，她如果再跟着生气，事情只会变得更糟。

《菜根谭》里说："性躁心粗者，一事无成；心平气和者，百福自集。"发脾气只会为自己招来源源不断的难题，稳住情绪，压住怒气，方能够把问题的影响降到最低。

心理学家戴维斯教授曾对近 1000 人做过跟踪调查，得出过这样一个结论：如果一个人长期处于激烈的坏情绪中，就可能导致家庭失败、事业糟糕，把好事弄得一塌糊涂。

你对情绪的自控力关乎生活质量的高低。先有好情绪，才有好事情。稳得住情绪，才能留得住福气。

惜命最好的方式：管理情绪

中医说，过喜伤心，盛怒伤肝，悲痛伤肺，思虑伤脾，恐惧伤肾。病从气中来，你有什么情绪，你的身体都会如实地反馈给你。

美国著名生物学家爱尔马做过一个实验。他分别找到两个处于不同情绪状态的人：一个处在悲伤、气愤的状态，另一个人处于平静、愉悦的状态，又给他们准备两个相同的装着冰水混合物的容器，让两人通过玻璃气管分别向内吹气。

然后，再将两个容器内的水喂给不同的小白鼠。结果发现，喝了带有愤怒情绪的水的小白鼠，在几天之后不幸死亡；而喝了带有愉悦情绪的水的小白鼠，依然健康地活着。

他给出的结论是：一个人在愤怒的情绪状态下，身体会产生大量的毒素，对身体造成极大的伤害。

老话说得好："情急百病生，情舒百病除"。最好的养生之道，是富养自己的情绪，把情绪管理好，百病自然消。

如果你也想成为情绪的主人，不妨参考以下几种方法：

1. 脱困四问法

心理学中有一个著名的"脱困四问"，回答以下 4 个问题，有助于自己理清思路：

我处于什么情绪之中？强烈程度打几分？帮助自己找出情绪的类别；

发生了什么事让我产生了情绪？挖掘情绪背后的事实；

我的初心是什么？我原本想要什么？找到期望与结果之间的差距；

我能为此做些什么？从而调整自己的行动，帮助自己控制情绪。

2. 数颜色法

美国心理学家费尔德提出的"数颜色法"，可以有效地控制情绪。当你感到怒不可遏时，先暂停手边的事情，环顾四周的景物。然后，在心中默念看到的东西是什么颜色，比如天空是蓝色的、衬衣是白色的、裙子是红色的……强迫自己恢复灵敏的视觉功能，使大脑回归理性地思考。

3. 运动宣泄调节法

心理学专家温斯拉夫研究发现，最好的情绪调节方法之一是运动。当我们在处于沮丧或愤怒时，不妨通过运动，比如跑步、打球、打拳等方式，使生理恢复原来的状态。生活中，经常运动的人不仅身体更健康，情绪也会更稳定。

听过一句话："你的大脑控制着你的情绪，同样，你的情绪决定着你的未来。"成年人顶级的配置，是情绪稳定。

没有谁的生活没有烦恼，但拥有稳定的情绪便是生活最好的解药。在那些情绪稳定的背后，藏着的是懂得自我克制的自律和冷静处事的能力。能把情绪管理好的人，才能避免误入情绪的雷区，理智客观地去应对生活中的重重难题。

如果大脑空空，连情绪都会出卖你

一个人的坏情绪，暴露了他低层次的认知

有一天下班时刚好下大雨，我因为没带伞在公司大厦的一楼大厅处等雨停。彼时公司 IT 部的邹工路过大厅，手上拿着车钥匙正要去取车，见我没带伞，又同他顺路，便主动提出捎上我。大雨天交通不如平日里顺畅，平时半小时车程就能到家，这次愣是"爬行"了一小时还没走完路程的一半。

邹工频繁看表，脸上微微有愠怒之色。他说："今天我儿子过生日，答应晚上给他庆生的，这堵车都不知道要堵到什么时候了，真是气人。"

我只好安慰道："下雨天是这样的，咱再等等，你儿子

能理解的。"好不容易车流松动了些,排在我们前面的那辆车却迟迟未动,邹工一边鸣喇叭一边朝窗外喊了句:"喂,瞎了眼啊,还不走。"

前面的车主似乎听到了,探出头也朝我们喊了一句:"你说谁瞎了眼呢!"

"那你倒是快走啊!"他又怒气冲冲地朝前面的车喊了一句。

前面的车终于开始走了,可还没走几分钟,就又塞住了。邹工低声抱怨了几句。这个时候,他电话响了,是妻子打来的。他起初语气还算正常,可到后来他的音调越来越高:"我是答应了小希早点回来给他过生日,可现在堵路上了我有什么办法?"

电话那边又说了些什么,只听他对着电话里大吼:"你们等不及了就先吃,催什么催!"说完一下子摁掉了电话。

车厢里一阵低气压,素闻 IT 部邹工脾气火暴,在他手底下做事的人都小心翼翼,如履薄冰,生怕一不小心就碰到他的雷区。

我又想起去年 8 月份公司组织全体员工去海南三亚旅行,可带家属同行。在到达酒店的第二天吃早餐时,由于他五岁的儿子放暑假好不容易出来玩一次,对什么都感到新奇，这里瞅瞅，那里看看。不料儿子走到水果区时脚下一滑，扑到了桌上的果盘，桌上的盘子和水果全部掉下来，碗碟碎了一地，所幸小朋友只是被果渍溅了一身，未曾受伤。

闻声赶来的邹工看到一地狼藉和周围人的目光，气不打一处来，大声呵斥儿子不懂事，言语间不仅有愤怒和责备，还威胁他"再不听话就把你留在这里，不带你回家"。儿子刚摔了一跤惊魂未定，又见父亲目露凶光言辞甚厉，又惊又怕，哇的一声哭了出来。这下邹工更恼火了，指着儿子的鼻子大喝。当时幸好他部门总监过来解围，带孩子去清洗，他才耐着性子同酒店的工作人员处理了这一地的狼藉。

邹工已经在公司干了 10 年，可一直没升上总监。我在公司听到同事对邹工的普遍评价便是：人不错，心地也好，但就是脾气不好，控制不住自己的情绪，好像随时都要爆发。

其实生活中有很多这样的人，一件看似不起眼的小事都可能引发他们某种极端的情绪，苦恼、烦闷、心生怨气，甚至会产生攻击性行为。

百度百科里对于"情绪"一词的解释是：对一系列主观认知经验的统称，是多种感觉、思想和行为综合产生的心理和生理状态。换言之，情绪往往是我们的内心对于外在事物认知的内在投射。

一个人的认知水平越低，对一件事情的判断就会越有局限，潜意识里对事情的处理方式也越单一。当大脑找不到更好的解决问题的方式时，心里积攒的愤怒、烦闷等坏情绪就会跳出来，主导人的行为。而这时的"行为"，反映在嘴上，就是争执；反映在肢体，便是攻击。因此，一个人的坏情绪，往往暴露了他低层次的认知水平；相反，一个人的认知水平越高，他的情绪往往就会越稳定。

克服认知缺陷，才能改善坏情绪

王阳明一生羁绊重重坎坷难行，下诏狱、遭廷杖、贬龙场、功高被忌、被诬谋反，可谓受尽了命运的折磨。放在平常人那里，或许早就被抑郁情绪杀死了，但是王阳明对困顿和苦难的认知却积极乐观得多。

在赣州时，陈九川和其他同僚胸中抑郁苦闷，相继一病不起，只有他依然精神矍铄。他在札记里写道："我来龙场两年，也被瘴毒侵害，但我安然无恙，这是因为我始终保持积极的情绪，乐观的心态，没有像其他人一样悲悲切切，抑郁哀愁。"在王阳明看来，保持快乐心境的唯一方法便是建立对逆境和苦难的正确认知，不被坏情绪支配。

他由此提出的"知行合一"和"致良知"学说，旨在创造人的内心与自身的和谐，被奉为认知学领域的经典。曾国藩赞其"矫正旧风气，开出新风气，功不在禹下"。

一个人的认知水平越高，读书越多，见识越广，底层知识的构筑就会越牢固，由此培养独立思考能力，对于外界事物的感知和判断也就会越正确、越稳定。如此，在面对外界事物的冲击时，才越不会被情绪奴役，反而得以掌控情绪。

提升认知，控制情绪

大约在两千年以前，希腊哲学家爱比克泰德就曾经说过：人的烦恼并非来源于实际问题，而是来源于看待问题的方式。因此，每个人都可以通过改变对外界事物的认知来控制负面情绪。

而那些优秀的人并非没有情绪，他们只是不被情绪所左右，"怒不过夺，喜不过予"，这源于内在的自信与魄力。巴洛特利天赋异禀，但脾气火暴，在训练时会与队员内斗，在比赛时会与对手球员、裁判甚至球迷起冲突。

梅西虽资质不如巴洛特利，却是球场上的谦谦君子，不管遭遇什么突发状况，都能控制情绪沉着冷静地迎战。直至目前为止，巴洛特利还没拿过金球奖，而梅西则已然拿奖拿到手软。在梅西一类优秀的人的认知里，与其挥霍情绪图一时痛快，还不如留着所有力气变强大。正是有了这个信念，他们才能做自己情绪的主人，不被坏情绪左右。

人的一生，与其把时间浪费在发脾气上，还不如多读书，多思考，多历练，多固化自己的底层知识。待认知水平提升，你会发现以往那些让你火冒三丈的事情不过是一段小插曲，完全不必介怀。时间宝贵，你要留着所有力气变美好。

正如拿破仑说的："一个能控制住不良情绪的人，比一个能拿下一座城池的人更强大。"

一个人走上坡路，从戒掉这5种内耗开始

很喜欢三毛的一句话："路"是由"足"和"各"组成的，"足"表示路是用脚走出来的，"各"表示各人有各人的路。一个人选择走什么样的路，就会有什么样的人生。一个人想往上走，最大的阻碍不是贫穷，而是内耗。与其整日处于内耗当中，不如把时间用来提升自己。

戒掉以下 5 种内耗，就是一个人走上坡路的开始。

逃离负面情绪的泥泞，用积极乐观的态度面对生活；降低对人和事的期待，平常心面对人生；戒掉无效社交，把时间和精力放在重要的事情上；掌握生活的节奏，知足常乐，过好自己的生活；减少物质追求，经常读书，充实自己的内心世界。

戒掉负面情绪

在知乎上看到过这样一个提问：“你认为什么能力最重要？”

其中一个高赞回答是：“控制情绪的能力。”

情绪没有对错，只有失控的情绪才会让我们无法自拔。学会调节情绪，是成年人的必修课。我看到一个 95 后的患类风湿的女孩自学黏土娃娃的视频，感触很深。女孩自 7 岁患病，一直靠药物来延续生命，她全身上下唯一能动的只有手指头，除此之外身体的全部关节几乎都坏掉了，就连喝杯水这样简单的事情对女孩来说都很困难。当女孩的心脏开始衰竭的时候，她不知道自己还能活多久，心里充满着对父母的内疚，对自己人生的迷茫。

她不知道死神何时会来到自己身边，情绪一度变得沮丧。后来，她开始通过网上的视频自学黏土娃娃，并在线接单。每天从早上 7 点忙到晚上 10 点，在忙碌中，她找到了生活的希望。从采访的视频中看到，她的内心平静而又充满着力量，脸上也看不出往日负面情绪的痕迹。

面对不同的困境，我们会表现出不同的情绪。真正成熟的人会懂得及时调节负面情绪，以更好的状态面对生活。

埃莉诺·罗斯福说过："没有人可以左右你的情绪，除非你同意。"不将负面情绪带给他人，是一个人真正的修养。同样，不将负面情绪留给自己，是一个人对自己的宠爱。当你能很好地控制自己的情绪时，你也能够洞察他人的内心，处理好身边的人际关系。

戒掉高期待

吴军博士曾讲述过一个年轻人的故事。这个年轻人虽然家庭条件普通，但是他凭着自己的努力考进名校，并以优异的成绩顺利毕业。他本以为以自己的能力，肯定能应聘到大公司。结果，几轮面试下来，他却成为第一个被淘汰的人。他的心情很低落，去向吴军请教："难道我不应该有一个更好的未来吗？"吴军告诉他，期望太高，失望便会越大，成功的变量并不是由一个因素的决定的，努力只是其中一个。

工作中，不是努力了就一定会成功。不论是遇事还是遇人，如果高估了别人的回报，当没有得到期待的结果时，就会感到失望。

降低期待，专心做事，是一个职场人的基本素养。林徽因说："任何事情，只能期待，不能依赖。"总是抱着高期待的心态，留给自己的就是痛苦和煎熬。过高的期待会破坏你的心态。当你放下过高的期待，以一颗平常心来看待身边的人和事时，你会发现身边更多的美好。

戒掉无效社交

有效社交会帮助我们不断成长；反之，无效社交会消耗我们的精力和时间。

作家李尚龙上大学时，非常喜欢社交，他的大部分时间都用于参加饭局、聚会等。在与别人聊天的过程中，他有了那些大咖的联系方式，他觉得那些人都是他的人脉和资源，还经常给那些人送礼物来表达自己的心意。直到后来，他在工作上遇到问题之后，给那些"朋友"打电话，谁知他们一个个都敷衍了事。他也终于明白，那些所谓的朋友其实并不是自己的人脉，于是他推掉对自己来说无用的社交，把精力和时间留给了自己的至交好友。

与其让无效社交消耗我们的时间，不如把时间放在值得的人身上。生活中，很多人被社交绑架，走不出社交的怪圈。很喜欢一句话："一个人的幸福程度，往往取决于他多大程度乐意脱离对外部世界的依附。"

社交就像投资，你需要考虑把它放在哪个篮子，你能有多少收入。一个人之所以能越来越好，是因为把时间放在了值得的事情上。当你学会取舍时，你的社交价值也会越来越高。

戒掉攀比心

现实生活中，我们步履匆匆，你追我赶，生怕自己落于人后。学生时代，我们比谁的成绩优秀，比谁的家庭更好；工作之后，我们比谁的能力更强，工资更高；有了家庭之后，我们比谁的房子更大，车子更好，孩子更优秀。我们总是在比较的路上，忽略了其实每个人的生活都有不为人知的辛苦。

小文和小月是好朋友，她们一起考上研究生。在研二的时候小文就跟她的男朋友结婚了。她老公是个公务员，工作稳定，公婆也给他们全款买了房，帮她带孩子，还支持她继续读研究生。疫情过去，小文过来看望小月，本以为是好友相逢，小月心里却很不是滋味。

小月反观自己，老公出车祸离去，留下自己一个人照顾女儿，还得麻烦母亲帮忙照看孩子。瞬间觉得自己真是命苦。晚上朋友走了之后，小月一个人悄悄地在房间里流泪，女儿看到后说："妈妈，别难过，以后我长大了照顾你。"听到女儿的话，小月心里豁然开朗，真是的，自己跟别人瞎比较什么呢。

作家马歇尔说："如果真的想过上悲惨的生活，就去与他人做比较。"攀比就像一个赛道，但只有起点，没有终点，当你开始与别人比较时，你就陷入这个循环里，走不出来。与其与他人的快乐比较，让自己徒增烦恼，不如正视自己的内心，过好自己的生活。

我们不需要在他人的剧本里演好配角，只需要演好自己人生剧本的主角。

戒掉物质欲

在亦舒的小说《悠悠我心》中有一个胡先生。他出生在贫困的家庭，通过自己的不断努力，成了银行财务部经理，年薪百万。他有一个幸福的家庭，有美丽的妻子和乖巧的女儿。但是，他觉得自己应该有更好的生活。于是，他开始贪恋更多的物质，甚至不惜挪用公款，买高级的红酒、名牌手表，事情曝光之后，他被送进了监狱。当妻子发现了他的事情之后，选择了离开。一个本应该幸福美满的家庭，却因胡先生的所作所为而分崩离析。

如果能够克制自己的欲望，胡先生也许会过得很幸福。叔本华说："所谓辉煌的人生，不过是欲望的囚徒。"当你沉浸在物质的世界不能自拔时，就像陷入一片沼泽地，越陷越深，最后迷失了自己。

当一个人的欲望越来越低时，他的幸福指数会越来越高。**生活是一场去芜存菁的旅行，我们需要学会在精神与物质上做取舍**。当你的物质生活越来越简单时，你会有更多的时间填充自己的精神世界。一个人的内心世界越来越充盈，这个人也会变得越来越优秀。

川端康成说过："时间以同样的方式流经每个人，而每个人却以不同的方式度过时间。"你把时间用在哪里，你的成长就在哪里。

愿你余生能够逃离负面情绪的泥淖，用积极乐观的态度面对生活，在自己的人生路上，过得越来越好，活成自己想要的样子。

心态不好，能力再强也是弱者

人生下半场，拼的是心态

听过这样一句话："人生，可以从宽处理。"除了对他人宽容外，人也要学会对自己宽容。对自己宽容，就是与世界和解，与自己和解。这句话对生活暂时不顺、身处逆境的人来说，是个温暖的抚慰。

作为血肉之躯，我们大多数人都是普通人，在人生路上遇到坎坷时，我们不要逼自己太凶，对自己太狠，给自己提出太多不可能实现的目标，要学会接纳自己的平凡。

大事小事，都会成为往事。好好活着，才会有更多的好事发生。对自己宽容一点，让生命之弦松弛一点，心情就会变得舒畅些，心境就会变得温馨些，自己也自然会慢慢走出阴霾、迎来阳光。

人生下半场，拼的往往不是财富、地位，而是心态。我们不能控制自己的遭遇，却可以控制自己的心态；我们不能改变别人，却可以改变自己。心态好，烦恼就少，事情就顺；心态不好，看什么都不顺眼，能力再强也是弱者。

与其抱怨，不如改变

在网上看过一位网友的故事。这位网友被文友们称为萍姐，她为人大方、性情开朗、爱好广泛，文章和摄影作品多次在全国获奖，日子过得有滋有味。但是，让人想不到的是，她的生活却平地起惊雷，在单位一次体检中被查出得了不治之症——"渐冻症"。

知道这个消息后，朋友和同事们都替爱美的萍姐担心，不知她该怎样面对这个现实。

一天，几位朋友去看她，发现萍姐没有怨天尤人，心态很平和。她平静地告诉他们，她已将出租的房子收了回来，准备好好装修给儿子做婚房用。她还给学化妆的女儿开了一家婚纱影楼，这样女儿就可以有个稳定的收入。她邀请大家一块儿去九寨沟玩，深夜和同房间的朋友聊天，朋友小心翼翼地问她："姐，你难过不？如果难过，哭出来也好。"

萍姐回头，还朋友一个灿烂的笑容："傻妹妹，我哪有时间哭泣？我要趁身体还能活动，把一切该尽的责任和义务完成，把那些还没实现的梦想一点点实现。这样，我的人生才能少留一些遗憾。"

我深深被这位萍姐的故事所打动，她是生活的强者。

人常说："人生不如意，乃十之八九。"面对种种不如意，有的人选择了抱怨，抱怨自己倒霉、抱怨他人无情、抱怨环境糟糕，等等。而有的人选择了改变，既然现实无法改变，那就改变自己的心态，改变看问题的角度，过好当下。

李笑来老师说，抱怨的害处不仅仅是浪费时间，暴露自己的无能，还在于它会让你不由自主地放弃挣扎。抱怨是世上最无用的东西，它无助于问题的解决，只会摧毁信心，磨灭热情，放大愤怒，累了自己，也会将负能量传给别人。

不抱怨，就是不与自己过不去，是一种随遇而安的好心态，也是一种生活的大智慧。

不与别人比，好好活自己

作家马德曾在文章中讲过这样一个故事。他有一位朋友在一家科技公司上班，有一次聊天，朋友和他谈起了公司的事。朋友告诉马德，他的公司每到年底都要走几个人，原因是发奖金。马德就很奇怪，发钱也会走人，是奖金发得少吗？

朋友摇头说，不是因为钱发得少，而是因为发得比别人少，有的人拿到手的奖金有 20 多万，最后也走了，只因为比别人少了一两万。

有同事劝这些人："算了吧，不就是少那么几个钱，何必呢？"

听的人一脸愤然："这能随便算了吗？名义上是钱多钱少的问题，其实这里面有猫腻，奖金中的小区别可是领导那里的大江湖啊。"其实，好多人本不该走，结果跳槽之后混得一塌糊涂。

对此，朋友向马德感慨："与别人太较真地比较不好，因为别人什么都不会少，而自己会失去很多。"

在现实生活中，类似故事中的那些人很多，他们都有一种爱与别人攀比的心态。他们追求的不是幸福，而是比别人幸福，把主要精力都投入竞争中，比职位、比房子、比财富……比来比去，心里只剩下日益膨胀的欲望和心浮气躁，没有了快乐和幸福。

日子是自己过的，别人的条件再好也不属于自己，"羡慕、嫉妒、恨"对自己的生活毫无用处，我们要看到自己拥有的，不要只盯着自己没有的。

人们都渴望"有我所爱"，却不知，"爱我所有"、活好自己才是最大的幸福。

真正厉害的人，都戒掉了玻璃心

有朋友坦言，他最看不惯玻璃心的人，受不了一点委屈，看不得一点脸色，听不了一句重话，有这种心态的人，工作和生活不会好到哪里去。这个观点我非常赞同，一些生活如意、事业有成的人，内心都很强大，都戒掉了玻璃心，他们对来自外界的不良刺激始终能保持一种稳定的心态。

心理学家把人的价值观分为两类，一类叫"弱势价值观"，一类叫"强势价值观"。两种价值观，其实体现的就是两种不同的心态。

持有"弱势价值观"的人，遇到问题习惯问"凭什么"：凭什么别人过得好，我过得差？我本来好好的，凭什么得病的是我？条件差不多，凭什么别人能升职，我原地踏步？在他们心里，只有抱怨、指责、愤懑，他们当然无法体会到成功和幸福。

持有"强势价值观"的人，遇到问题会问"为什么"：为什么会造成这种局面，问题出在哪里？是主观原因，还是客观原因？如果是主观原因，是自己智商不行，还是情商、逆商不行？当下又该如何解决？在这些人心里，有的是反省、剖析、调整、改进，他们会设法战胜困难、走出阴霾，最终拥抱幸福和快乐。

没有绝对的好日子，但我们随时可以选择好的心态。心态不好，能力再强也是弱者；有了健康的心态，才会拥有幸福的人生。

人生不会是一帆风顺的，面对挫折和困难，如果不戒掉玻璃心、保持好心态，要取得成功是不可想象的。

第六章

过素净不内耗的人生

* * *

当你开始遵从内心，接受自己的残缺和不完美，懂得人生最大的意义便是悦己，原谅和宽容身边的人和事，坦然面对庸常而琐碎的生活时，你才真正地走向了成长和成熟。

懂得取悦自己，才是一个人真正成熟的标志

总有一日，你会明白，世界那么大，我们太渺小，仅仅是做好自己就已经需要我们耗尽全力了，哪还有闲心去在意别人呢？

✳ ✳ ✳

也许每个人的生命里，总不可避免地会有一段孤独、敏感又自卑的时光。在那段时光里，无论如何努力飞翔也到达不了心里想要的那方天涯。

这是我 20 岁出头时真真切切体会过的感受。

那时候，我历经两次高考终于考入湖南省的一所大学，作为一个农村出来的孩子，我对城市的一切都充满了好奇和

陌生。我生性孤僻，内敛沉默，胆怯且软弱，我害怕被孤立，害怕自己看上去跟别人不一样，于是我用一层厚厚的壳将自己保护起来，那层壳的名字叫"讨好"。

我从不懂得拒绝别人，经常习惯性地忽视自己内心的感受，优先考虑他人的感受，去满足他人的需求，以此来获得他人的好感和好评。这种情况在工作后尤甚，我无法拒绝同事向我寻求帮助，从而导致我常因自己的工作没能做好而被批评；我牺牲自己用来休息的周末陪同事去逛街挑衣服，尽管自己已经很累；我总是附和领导和前辈的意见，尽管我当时并不那么认同。

我总是害怕被讨厌、被排挤，所以一直以"取悦别人，委屈自己"的模式生活着。可即便是这样，我也并没有在人际交往上游刃有余，也并未曾真正获得多少人的认可，我依然孤独、敏感又自卑。

待到年岁渐长，我与内在自我的冲突越来越明显，长期被压抑的那个"自我"终于在某个深夜彻底爆发，控诉着这些年的不公平待遇。

美国心理学家卡伦·霍妮在《我们内心的冲突》中提出内心冲突涉及的三种类型人格：**顺从型人格**、**对抗型人格**和**疏离型人格**。其中顺从型人格的显著特征是：

1.能够敏锐地感受到别人提出的、能被他的情感理解的需求，但往往会无视自己内心的感受；

2.总是把自己放在次要的位置上，并且无怨无悔；

3.总是情不自禁地拿别人对自己的看法来看待自己，过度依赖他人的评价。

而这些特征产生的根本原因就是**压抑了自己内心对于肯定等情感冲动的内在驱动力，而将这些情感冲动的驱动力转向了依赖外界**。因此要改变和克服这些特征，势必要将驱动力由外界转回自己的内心。

接下来的数年时间里，我有意识地与内心习惯讨好的那个自己做着斗争。我逐渐将全部注意力由外部评价转向自己的内心，硬着头皮拒绝了一个又一个违背内心意愿的要求。

读书，观影，音乐，旅行，与一切美好的事物相遇，做一切能让自己开心愉悦的事情。当我把所有的时光都用来取悦自己时，所收获的愉悦感和成就感是那么的轻松、舒服。

于是在外面单打独斗的这些年岁里，心底愈演愈烈的自卑感和千疮百孔的自信心，终于一点点地渐渐修补起来，我也终于和内在的那个自我和解了。"悦人者众，悦己者王"，这无异于人生的一次重生，也给我原本灰暗的20多岁增添了一层七彩色的光晕。

懂得取悦自己，才算是一个人真正成熟的标志。

当你开始遵从内心，接受自己的残缺和不完美，懂得人生最大的意义便是悦己，原谅和宽容身边的人和事，坦然面对庸常而琐碎的生活时，你才真正地走向了成长和成熟。

* * *

真正的悦己不仅要遵从真实的内心，还意味着懂得运用一切外界事物愉悦身心，提升自身的幸福感。

我们部门 30 多岁的恬姐，是全公司唯一一个每周都订一束鲜花到办公室的人。有时候是百合和茉莉，有时候是风信子和橄榄菊，花开绚烂，幽香扑鼻，整个密闭、压抑的财务部因她的这束花变得明朗起来。

大部分来我们部门的人称赞了一番之后都表示很不理解："这花能活多久啊？"

恬姐答："一周左右。"

又问："这花一束也得二三十元吧？"

恬姐点点头后，对方一个劲儿地感叹："花期这么短，凋谢之后就剩一堆烂叶，太不划算了。"

恬姐笑着说："你平日里一周吃的零食可不止二三十元

吧，再说上班时间紧张又压抑，累的时候给花换换水，看着它们倾力绽放，心情畅快愉悦，工作体验都会很不一样。"

真正的悦己者，从不拘泥于物质，也从不过分在意别人的评价，他们心中总有发自内心地让自己生活得更好的愿景。 因此，他们会格外注重自己对幸福的感官和美的体验，他们不为取悦别人，只为让自己开心。

＊ ＊ ＊

我住的小区里有一个不大不小的菜市场，我每次都会固定去小莉姐那里买菜。无论顾客买什么，她都无一例外地送上两棵葱或几头蒜，买的次数多了，我和她也逐渐熟络起来。

她已是两个孩子的妈妈，40多岁的年纪，在有些脏乱的菜市场里，她的小摊总是最干净、整洁的。她会按次序摆放每一种菜，也不随便丢烂了的菜叶，而是放进自备的垃圾篓里。我每次去买菜时，总能看到她小摊前摆放着不同的书。不仅如此，和其他摊主的随意穿着不同，她每日都化着淡妆，穿着和打扮都很精细、干净。从头发到妆容再到衣着，都是精心搭配整理过的，清新素净，加上脸上时常挂着亲和的笑容，让人忍不住想靠近。

有一次我下班晚，去买菜时正好碰上她收摊儿，跟她寒暄的间隙，她一边整理自己的妆容和衣服，一边说："生活是自己的，不管在哪里过、怎么过，让自己开心自在才最重要。"

我也终于明白为什么她每日都能笑意盈盈，那着实不是装出来的，而是发自内心的淡然和愉悦。她深知，**人活着不是为了取悦这个世界，而是为了用我们自己的生活方式来取悦自己，活出自己想要的样子。**

然而现实中的很多人，都带着无比尖锐的功利心，在追名逐利的路上不断讨好这个世界，渐渐地迷失了自己。

日本作家松浦弥太郎说过："任何一个追求生活品位的人，都应该是一个悦己者，你的爱好，你的生活方式，都是为了取悦你自己，而不是为了炫耀。"我们与这个世界的博弈，归根到底不过是一场与自己内心的较量。

总有一日，你会明白，世界那么大，我们太渺小，仅仅是做好自己就已经需要我们耗尽全力了，哪还有闲心去在意别人呢？

你最终能否过得好，能否在自己的人生里活得游刃有余，取决于你能否妥善安放自己的心。

如果你能听从自己内心的声音，从而活得坦然、舒悦，那么你终会是一个胜利者。这也不正是我们付出那么多努力所希望达到的目的吗？就像我现在每日去上班时总会将自己从头到脚收拾体面，但凡违背自己心意的要求都会礼貌拒绝，越来越喜欢独处，习惯一个人看书、写字、观影、跑步。我做这些只是单纯让自己开心，却出乎意料地收获了越发圆满的自己。

　　若你无倾城貌，只要你认真爱自己，终会修得一颗倾城心。在这一步一履的跋涉、一时一辰的坚守中，你会发现，**当你学会取悦自己后，世界便开始取悦你。**

人生下半场，劝你做个素净的人

万物之始，大道至简。就像卖花人说："自然界中白色的花几乎都很香，但颜色鲜艳的花不怎么香。"

人亦是如此，越素净，越有内在的芳香。这个世界五彩斑斓，人们身处其中，容易染上不同的颜色。**在历尽沧桑后我们终会明白，素净才是一个人行走世间最好的底色。**

人生下半场，学着做个素净的人。

圈子素净，是最好的自律

现实生活中，大部分人在无效社交上浪费了不少时间和精力。年轻时，我们总害怕被孤立、不合群、孤独，便到处交朋友，想方设法扩大朋友圈。后来发现，逼迫自己合群去参加一些饭局，不但没有太大价值，反而会使自己身心疲惫。殊不知，人生有一二知己，才是最难得的。

《圆桌派》主持人窦文涛入行几十年，接触的人很多，他在节目里谈笑风生，大家都以为他朋友很多，其实他的圈子很小，平日里来往的好友只有几个。他与这些挚友同住在一个城市，相隔只有几千米远，这就是他的"朋友圈"。大家聚会时，喝茶、聊天、读书，即使彼此一个月不联系，再见面也不会觉得疏远。在一次分享上，窦文涛表示：除了交情，还要有讲究。

所谓讲究，可以理解为与自己三观、品味、才学等相同的人交友，至于那些无关紧要的人，他认为没必要去花时间和精力维系。简简单单的社交，有几个志趣相投的朋友，在这样的圈子里，不存在利益和算计，也不存在虚情假意的寒暄，可以完全做自己。

唯有圈子干净，生活才得安宁，人到中年，要知道自己想要的是什么。**与其费尽心机扩大圈子，不如将自己的圈子收拾干净，好好经营。**放弃无效社交，远离消耗你的人，才是成年人该有的自觉。

生活素净，是最好的状态

《增广贤文》中说道："良田千顷，不过一日三餐，广厦万间，只睡卧榻三尺。"生活无非就是，一屋两人三餐四季。

罗敷是一位在瑞典生活了 10 年的华语作家，他记录了北欧的生活方式。北欧人的生活简单，他们很少追求表面上的华丽。有一次，罗敷去一位老太太家做客，对方的客厅令他眼前一亮，一张长桌，两条木凳，一个收纳的木柜，便没有其他多余的物品。老太太说，很多东西自己都用了几十年，虽然简单，但每一件东西背后都有故事。

简单是活法，素净是态度。用什么样的方式生活，完全取决于我们的心境和态度。

中国台湾的著名美学大师蒋勋，为了将朴素与简单的生活方式贯彻到底，选择远离台北的都市生活，只带上笔墨和几本喜欢的书，搬到了台东的农村池上。他每天在池上看着别人日出而作，日落而息，日子平淡又美好。尽管远离了繁华热闹的生活，他却感到身体越来越健康，内心也越来越充实。

读过这样一段话："最好的生活就是简单生活，一盏茶，一张桌，一处清幽，日子平淡，心无杂念。"

生活无需多少华丽点缀，朴素而活，简单平淡才是真。人到中年，内心安宁，做个简单的人，日子素净，便是最好的生活状态。

欲望素净，是最好的修心

叔本华说："人受欲望支配，欲望不满足就痛苦。"实际上，当欲望大于能力时，人就容易焦虑、患得患失。长期处在这种状态下，贪念会越来越多，烦恼也会越来越多。

世间的一切痛苦，皆来自贪欲。在生活中，大多数人都受控于外界的各种欲望，而忽略了内心真正的追求。

在电视剧《去有风的地方》中，"北漂"一族许红豆曾经就是这样的人。她为了能在北京这座大城市买房立足扎根，每天拼命地工作。可她发现自己赚钱的速度似乎永远跟不上北京房价的涨幅，直到某天自己身体状况告急、好友突然离世，许红豆才彻底明白，人生或许可以不用活得这么忙碌和仓促。

于是，许红豆辞掉了工作，只身一人前往大理，只是想要感受一下活着的意义。在大理生活的那段时间，许红豆的内心也变得安静下来。

至今还记得，她在剧中与奶奶的那段对话："人不能太贪心，得到了千钱想万钱，当了皇上又想成仙，人就长了两只手，你就是进了金山银山，也只能拿两样东西。"

我们时常体验不到快乐的感觉，是因为我们想要的太多了。这是一个横向对比过于严重的时代，我们一边羡慕身边比自己过得好的人的生活，一边感慨自己命运不济。我们总是什么都想抓住，结果却是什么都抓不住。

《孟子》有言："养心莫过于清心寡欲。"**内心的丰盈，源于欲望的减少，而非外物的增加**。人生过半，少些欲望，学会知足，放下贪念，才是真正的养生修心之道。

＊　＊　＊

有句话说得好："做个素净的人，把目光停留在微小而光明的事物上，远离那些混乱和喧嚣。"

圈子素净，放弃无效社交，才能专注提升自我；生活素净，活得简单快乐，才能保持内心宁静；欲望素净，摒弃过多贪念，才能真正修身养性。

愿你人生下半场做个素净的人，在这凡尘世俗中自得其乐，自在随心。

人，的确贵在有自知之明

老子的《道德经》有言："知人者智，自知者明，自胜者强。"意思是说，能了解他人的人是智慧的，能了解自己的人是聪明的，能战胜自己的人是刚强的。寥寥数语，蕴含了无尽人生哲理。

相由心生，境由心造，命由心改，万事由心起。人的一念一行都源自内心。一个人如果不能时刻保有一颗清醒的心，就容易在纷繁迷乱的人世间迷失自我。

人活一世，必须拥有清醒的能力，"自明自知"，然后才能"自胜者强"。

拎得清形势

股神沃伦·巴菲特之子彼得·巴菲特曾说："我们必须谦虚地认清自己的知识所限和能力所限。"

作家马克·吐温天资聪颖，在文学的舞台上如鱼得水、游刃有余。在写作路上小有成就后，他开始对投资经商跃跃欲试，先后尝试经营木材业与矿业生意，并发行了《快报》。马克·吐温自以为文理兼得，生意也会顺风顺水。然而事与愿违，他经商致富不成，反而将家产赔了个精光。

商场上的失败打得马克·吐温措手不及，他认识到自己缺乏经商的才能和眼光。最终，他开始专注于自己擅长的写作领域，不辍笔耕。慢慢地，他不仅还清了债务，并且成为美国批判现实主义文学的奠基人。

诚如他自己所言："**让你陷入麻烦的，不是你不知道的事，而是你自以为知道、其实错误的事。**"一个人倘若拎不清形势，最终吃亏的只会是自己。人贵在自知，应明白该做什么、不该做什么，知晓自己擅长什么、不擅长什么。

听朋友讲过他的一段经历。他曾有幸去拜访一位根雕大师，参观大师的作品时，他不由好奇地问道："您雕什么像什么，每件作品都栩栩如生，您是怎么做到的？"

根雕大师平静地纠正道："恰恰相反，我不是雕什么像什么，而是像什么就雕什么。"只见大师随手拿起一件作品继续说道："原材料像猴，我就把它雕成猴；原材料像虎，我就把它雕成虎。我只是做了一些顺势而为的事罢了。假如不顾材料的原形和原貌，率性而为，想怎么雕就怎么雕，想雕什么就雕什么，那么雕出来的作品必定是次品、残品甚至废品。"

英国剧作家萧伯纳曾说："明智的人使自己适应世界，而不明智的人只会坚持要世界适应自己。"只有拎得清形势，并顺势而为，方可立于不败之地。

认得清自己

有位读书人，饱读诗书却仍心中有惑，于是他跋山涉水来到深山里向禅师求教。他恭敬地问禅师："有人称赞我是天才，将来必定大有作为；也有人骂我是笨蛋，一辈子都不会有出息。我究竟是天才还是笨蛋呢？"禅师答道："一斤米，在炊妇眼中是米饭；在糕点师眼中是糕点；在酒家眼里，它又成了酒。而米，依然是那斤米。"读书人瞬间醍醐灌顶，拜谢离去。

古希腊思想家泰勒斯说："人生最困难的事情是认识自己。"认得清自己的人才能对处境有客观、理性的认知，才能明白自己是谁，知道自己的核心目标是什么，分得清轻重缓急。

有一年的年初，董卿上了热搜，因为在公布的春晚主持人阵容里，董卿再度缺席，很多人都说不习惯没有董卿的春晚。当年，董卿的官方团队作出回应："时间和精力有限，专注于想做的节目，会失去一些东西，就像过去十三年主持春晚，没办法回家过年一样。"

如果角色互换，我想很多人都不愿因此放弃这样炙手可热的位置，但董卿却冷静、理智地调整了自己的人生方向，就像她曾说的："一个聪明的人不仅仅知道他应该什么时候上场，还要知道他什么时候可以离开。离开的时间，决定着是你看大家的背影，还是大家看你的背影。"

人都有惰性，也都有欲望，但是董卿每次都选择听从自己内心的声音，做自己真正想做的事。告别春晚舞台是这样，赴美留学是这样，创办《朗读者》也是这样。过去几年，董卿给人的印象不再仅仅停留在春晚主持人这个身份上，她让大家看到了关于美更深层次的定义，也让大家看到了认得清自己的人生能有多精彩。

想得通道理

电影《超人》上映后风靡全球，主演克里斯托弗·里夫一时声名鹊起。然而，在一场激烈的马术竞赛中，他意外坠马，不幸全身瘫痪。飞来横祸，克里斯托弗痛不欲生。

为了让克里斯托弗舒缓心情，家人开车带他外出散心。车子沿着山路迂回盘旋，弯道很多，"前方拐弯"的警示路牌不时从他眼前滑过。每一次拐弯后，视野都会豁然开朗。"前方拐弯"四个大字一次次冲击着克里斯托弗的心灵。

他恍然大悟：**并非无路可走，而是该转弯了**。从此，他以轮椅代步，全身心地投入新的工作。他精心执导的第一部影片公映后，荣获"金球奖"。他的自传体小说《克里斯托弗·里夫的生涯和勇气》出版不久就成为畅销书。他还创立了一所残疾人教育中心，积极为残疾人的福利事业筹集善款。从高瘫患者逆袭成为知名导演、作家兼慈善大使，他再一次为我们展现了"超人"的非凡能力。

丰子恺曾说："心大了，事就小了。心小了，事就大了。"《旧唐书·元行冲传》中有云："当局者迷，旁观者清。"

当一个人想得通道理，便能从当局者的角色中跳出来，站在旁观者的角度清醒地思考，许多问题一下子便迎刃而解了。

在人生这场有来无往的旅行中，琐碎繁杂的事有很多，枝枝蔓蔓也不会少。活得糊涂，它们就是束缚你脚步的负累；看得清醒，它们就是托举你腾飞的基石。愿我们因上努力，果上随缘，做一个清醒、通透且努力活着的人。

如此，因果自有回赠。

不纠结、不后悔、往前走

人生在世，为人，难得事事如意，样样顺心；做事，亦难件件圆满，桩桩无憾。面对生活的诸多不顺，倘若一味惆怅反刍，只会停滞不前，越活越贬值。反之，越能够放平心态，坦然面对，向前看，才能越活越通透。

不纠结：戒掉犹豫，减少遗憾

决定人生的不是命运，而是你做出的一个个选择。面对人生中大大小小的事情，把握时机迅速做出正确决定，能助我们少走弯路。但事实上，很多人在面临选择时往往犹豫不决，在矛盾与冲突中任由机会溜走。

曾看过一个故事。一位印度哲学家因为外貌出众，才情了得，颇受女孩子青睐。一天，一位美丽的女孩向他表明了心意，想要做他的妻子。哲学家虽被女孩的真诚打动，很想与她共结连理，却仍说自己需要考虑一段时间。谁知，他的考虑竟长达 10 年之久。

哲学家做了很多分析，他发现结婚与否，都存在弊端。于是，他陷入了长期的苦恼和纠结中。最后，哲学家终于想明白：**人在面临抉择而无法取舍时，应该选择自己尚未经历的一种**。他鼓起勇气，来到了女孩的家中，对女孩的父亲说："您的女儿呢？请告诉她，我考虑清楚了，我决定娶她为妻！"女孩的父亲听完后摇了摇头，告知哲学家自己的女儿早已嫁为人妇，她现在已经是三个孩子的母亲了。

哲学家没想到，自己的再三考虑和追求完美，最终换来悔恨终生的结果。这个故事不禁令人唏嘘，本该拥有一段美满姻缘的哲学家，却被纠结和犹豫阻挡了通往幸福的道路。

生活中的我们又何尝不是有着和哲学家一样的心态呢？面对需要抉择的时刻，总是权衡利弊，犹豫再三，迟迟不敢做出决定。殊不知，无尽的思量和纠结只会给自己带来遗憾。要知道，拖垮你的永远是那句"我再考虑一下"，助力你的永远是遇事不纠结。

想要得到幸运女神的眷顾，就要懂得戒掉纠结和犹豫，勇敢迈出第一步。

不后悔：专注当下，烦恼自无

人生的一大悲剧，便是面对过去陷入不断反刍的循环。学会笑对曾经，专注当下，才能活得越来越成熟、通透。

收藏家马未都曾在很长时间里陷入了对过往行为的反刍中，痛苦不已。早些年，马未都去上海出差，在逛文物商店时看上了一个碗，这个碗当时标价是 3 万元人民币。这对于当时的马未都来说是一个天价，所以他并没有将其收入囊中。但马未都仍对这个碗念念不忘，每次途经上海，必到商店去看一眼。后来他照例去看碗的时候，却发现碗不见了。询问才知，碗已在不久前被别人买走。而更令马未都后悔的是，一年之后这只碗被拍出了 850 万元人民币。

他开始后悔自己当初的决定，懊恼自己当时为什么没有想尽办法买下这个碗。之后的几年里，这只碗的拍价一直飙升，甚至估值过亿。只是他已渐渐看淡，反倒觉得人生总有遗憾，不可能事事如意。如今再谈起这件事，马未已不再后悔，而是淡然一笑。他选择将精力投入对其他藏品的关注上，赚到的钱早已远超于错失那个碗所流失的价值。

西方有句谚语：永远不要为打翻的牛奶哭泣。我们生而为人，或多或少都会经历一些不堪回首的经历，一味后悔不仅不能扭转局面，反而还会错失更多的机会。

人生好比一场演出，有令人喜悦的情节，也会有悲伤的时刻，却也正是其中的这些跌宕起伏，才让整场演出丰富、精彩。所以，**与其沉浸在悲伤自责中，不如放平心态，不去悔，不去怨，专注过好当下，烦恼自会远离你。**

往前走：人生向前，苦往后退

人生的一大悲剧，便是不敢走出过去的泥沼，因而陷入止步不前的困局。真正的智者都懂得告别过去，着眼于未来。

旧上海名媛严幼韵，终年112岁。她的一生经历了无数大起大落，却丝毫没有被这些悲喜过往打倒，反而向阳而生。有一次，她的家里遭遇盗贼，偷走了无数她悉心珍藏的物品。周围人都安慰她，而她非但没有因此悲伤，反而庆幸没有丢失更多的东西。

为了保持美丽，老年时期的严幼韵曾经镶牙和磨牙。在一次外出坐出租车时，司机一个急刹车，她刚整完的牙掉了出来。她的女儿在旁边难过、惋惜，严幼韵只是平静地说："没事，原来这个牙就是自己掉了的，大概它还不想装上去吧。"后来，当接受《纽约时报》的专访，被问及长寿的秘诀时，她说："不为往事伤感，永远朝前看。"

不为往事扰，只愿余生笑。一个人对待过往的态度决定了他能拥有怎样的人生。只有不再执着于过去的得失，学会向前看，我们才能在纷扰的世事中活得悠然自得，活出宠辱不惊的安宁与幸福，那些痛苦也才会真正成为过去。

所谓人生，无非是由无数个昨天、今天和明天组成。昨天的种种早已尘埃落定，要学会翻篇，懂得向前看，才能活得舒服顺心。毕竟，书要向后翻，人要向前走。

* * *

《十宗罪》中写道："世事纷扰，烦恼无数，原因有三，看不透、想不开，放不下。"的确，很多时候我们活得痛苦，并非因为能力不够，而是因为看待问题的态度出了偏差。要想提高生活质量，就要放弃这些阻碍幸福的心灵负累，不纠结，戒掉犹豫，遗憾才会减少；不后悔，专注当下，烦恼自会消散；往前走，人生向前，痛苦便会后退。

人生短短几十年光景，若想清静无碍，不妨先学着修炼好自己的心境，如此，方能活得更轻盈。

　　愿你也能在往后的日子里，一路奔赴，一路向前，活得肆意且洒脱。

靠蛮力走不远，用弹性无极限

真正有智慧的人，都懂得增强内心的弹性，去适应生活的各种变数。三毛说："做一个有弹性的人，当是我们一生追求的目标。"的确如此。

人生路上，一个人能走多远，看的不是智商，不是情商，也不是人脉，更不是天赋，而是内心的弹性。一个人若像玻璃球，一旦掉下去就会摔得粉碎；只有像一个皮球那样，才能在掉下去时触底反弹。人生走得越远，越靠自己的心力。

保持弹性的距离，相处舒适

你知道心理学里的适度定律吗？它讲的是**在人际交往**

中，要懂得把握好一个度，超过这个度，人际关系就有可能走向反面。

毋庸置疑，经营任何一段关系，无论亲疏远近，都需要我们守住交往的边界。

在《撒哈拉的故事》里，三毛讲述过一段她与邻居们的故事。三毛定居撒哈拉后，尽管和当地居民的生活习惯不同，但三毛和荷西在为人处世上既大方又和气，很快就和周围的邻居们熟络了起来。自第一次到邻居家做客后，三毛便开始教当地的女人用水拖地，但此后，三毛的水桶和拖把便再也轮不到她自己使用，总是被邻居们借去，直到黄昏才归还。

日子久了，邻居们了解了三毛的生活方式，也喜欢三毛日常所用的一些东西，便会经常来借她的东西。每天早晨，来"借"东西的孩子络绎不绝，一只灯泡、一颗洋葱、一瓶汽油、棉花、吹风机，都是一些三毛家里有的"小"东西。三毛不"借"，自己心里过意不去，"借"了，却又都不被归还。甚至到后来，只要三毛出门，门口就会有一些孩子向她伸手要钱。这样的经历让三毛深感疲惫，想要逃离。

其实，人与人之间，只有保持弹性的距离，才能相处舒适。关系再好，相处时没了边界感，就会像三毛一样，不堪其扰。

"最好的关系，是亲近地保持距离。"的确如此，**任何关系的经营都要适度，不过分远离，不过度亲密，如此才能保持长久。**

保持弹性的欲望，生活顺遂

前两天，刷到了 2009 年戛纳获奖短片《黑洞》，我才明白没有节制的欲望会吞噬一个人。短片里，一个男子站在打印机前打印资料，见打印机没反应，便不耐烦地踢了打印机一脚，打印机便打印出一张印有一个黑洞的纸张。男人虽然感到奇怪，但也没有多想，只是将纸放在了旁边的桌子上，随后他将喝完水的杯子放在了刚才的纸张上。惊人的一幕发生了，男子发现杯子掉进了纸张上的黑洞里，更神奇的是，他还能将手伸进黑洞里，取回掉进去的杯子。

男子先是尝试利用黑洞纸从售卖机里取了一块巧克力，然后他注意到了老板的保险柜。他将黑洞纸贴在了保险柜上，伸手掏出了第一捆钞票，然后是第二捆、第三捆……直到地上堆了一堆钞票，他还是不满足，索性将头伸进了黑洞里，慢慢地通过黑洞爬进了保险柜，只是当他的脚进入保险柜时，弄掉了柜门上的黑洞纸，整个人都被锁进了保险柜里，无法出来。

他最初的欲望只是一块巧克力，然而当理性被欲望蒙蔽后，贪念侵蚀了他的内心，最终他只能自食恶果。

萧伯纳说："生活中有两个悲剧。一个是你的欲望得不到满足，另一个则是你的欲望得到了满足。"诚然如此，欲望有度，过则成灾。

很多时候，真正摧毁一个人的从来不是生活中的困苦，而是欲望的黑洞。我们大多数人的悲哀是在不知不觉中被贪念驱使，进而折腾不息，最终让自己陷入困境。**若欲望没有了弹性，人迟早会遭到反噬。**

人生如海上行舟，唯有懂得保持弹性的欲望，才能掌控人生，生活顺遂。

保持弹性的认知，选择多维

思维决定行为。一个人的认知常常在无形中左右着人们的选择。而只有保持弹性的认知，才能不被生活所局限，也才能有更多的选择。

心理学上有个概念叫"管窥效应"，讲的是如果一个人通过一根管子看东西，那么他就只能看到管子里面的东西，看不到管子外面的东西，想要看到外面的世界，唯有放下管子，打开眼界。

一个人的认知如是，唯有放下固有的认知，增强认知弹性，才能看到更多的选择，拥抱机遇。

不想鸡蛋被轻易打碎，最简单的办法就是煮熟它，增加它的弹性；不想认知被局限，最快捷的方式就是打破它，寻求新的突破口。富有弹性的认知不仅是治愈生活的良药，也是掌控未来的钥匙。当认知的弹性增加，选择的维度自然也就多了。

✳　✳　✳

生活中，酸甜苦辣咸一样都不会少。很多时候，生活对我们的敲击不是为了让我们认命，而是为了让我们能认清自己，置之死地而后生。就像有句话说："生命中最伟大的光辉不在于永不坠落，而是坠落后总能再度升起。"

内心有弹性的人总是能触底反弹。相处有弹性，关系的距离适度，生活便会多一些温度；欲望有弹性，松弛有度，生活便会多一些顺遂；认知有弹性，放下故知，生活便会多一些选择。

愿你做一个内心有弹性的人，能适应生活的各种变数。并在看清生活的真相之后，仍然拥抱它，活出自己的精彩。

适时按下人生的控制键

周国平先生曾说，人应该有两个觉悟：一是勇于从零开始，二是坦然于未完成。

人生路长，我们会遇到很多人，经历很多事。这一路，我们在经历得失，也在学着取舍。人到中年，时间会帮我们选择最适合的朋友和关系，而我们也要拥有掌控人生的勇气，适时按下控制键，学会暂停、删除和重启，不再顾忌太多，去过自己想要的生活。

暂停

《菜根谭》中有这样一句话："一勺水，便具四海水味，世法不必尽尝；千江月，总是一轮月光，心珠宜当独朗。"

意思是说，人只需一勺水就可知五湖四海水的味道，所以关于世间的人情世事我们未必都要经历；一千条江面的明月其实是一个，所以我们的心性也要如明月一样明朗、皎洁。

一个烂苹果，我们只需要吃一口就可知它是否腐烂，不一定要把它吃完。**人生难得圆满，处处皆藏遗憾**。不是所有付出都能换来对等的收获。付出的成本沉没就沉没了，与其后悔较劲，不如快刀斩乱麻，及时止损，选另一个赛道或换另一种方式继续。

泰戈尔说过："如果你因错过了太阳而流泪，那么你也将错过群星。"历经世事，希望我们能够明白，那些已知的失去，就不要再执意去尝试，非要撞南墙，才懂得回头。

适时按下人生的暂停键，不瞻前顾后，不拖泥带水，才能接近更圆满的结局。

删除

早上七点，毕业十年未联系的老同学忽然发信息嘘寒问暖。小婷一头雾水，直到对方发来介绍保险产品的链接，小婷才恍然大悟。原来，没有无缘无故的靠近，很多关系都是利益的工具，被暗暗标上了价码。

"我免费给你做个财务分析，你把收入支出告诉我下，我看看哪个产品适合你！"

"你的条件不能参保，把你爱人的体检报告给我吧，我想办法帮你申请一下！"

"你看，我们有十几年的同学情，反正你都是要买保险的，就从我这里买吧！"

对方一步步追问小婷的身体状态和收入信息，使她有种被绑架的感觉，浑身不自在。后来，老同学再发来信息，她都会关掉微信聊天框。可对方会直接拨来语音电话，"帮"着分析利害，把问题说得很严重，让小婷觉得不买这份保险，就是对家庭不负责。

看到别的朋友发来的截图，小婷万万没想到，他竟和其他人诋毁自己，说自己穷酸小气、不讲人情，说自己买不起就逃避。看完朋友发的信息，小婷直接拿出手机，删除了对方的联系方式。不再考虑同学情，这一刻，她异常轻松。

看到过这样一句话："早已名存实亡的感情，就不要舍不得删去；凡是让你不舒服的关系，都没有必要再去维系。"

这种太过功利的交往，早已越了界。我们也没有必要再困在这段关系里。看到一句话说得很好："生活应该是不断做减法的过程，减去不合适的伴侣，减去"道不同"的朋友，减去负能量的情绪，让生活更简单、更纯粹，才能有更多的空间和余地给自己。"

人到中年，要试着断舍离，大胆理清周围的关系，摒弃不必要的人和事，适时按下人生的删除键，不顾及太多，不彷徨犹豫，才能拥有更多想要的东西。

重启

现实中，我们都曾有过狼狈地不敢抬头的时候，都曾被无视、冷眼、被骂、打压。可如果我们深陷在这些负面压力里走不出来，那未来可能就止步于此了。虽然人生的低谷可能会很漫长，也可能会很难熬，但要记得，**在这些痛苦的戳伤之后，要做的不是放弃，而是找到重新站起的勇气**。

电视剧《去有风的地方》中有一句台词："鸟都要去南方过冬，人在感到疲惫和寒冷时，也需要向温暖的地方流动，寻找幸福的力量、快乐的力量、美好的力量，或者说重新出发的力量。"

重启是归零，亦是升级。我们要允许新的生活开启，要相信自己远远比想象中的更加强大。要知道，命运和你开玩笑，并非想让过去耗尽你所有的向往，而是给你机会去选择新的生活。

适时按下人生的重启键，不自我怀疑，不自暴自弃，才能创造更多可能。

世间纷繁复杂，但路还需要我们自己走。虽然还会遇到沟沟坎坎，但去经历才会成长，去割舍才会收获。随着渐渐成熟，我们终会明白：关系，不是越多越好；犯错，也并不可怕。重要的是，**有勇气为自己做主，有魄力去放弃，有胆量去争取。**然后，依旧乐观，坚持热爱，去过自己想要的生活。

后记

在当下这个信息超载、人际复杂的时代，我们往往容易陷入内卷和内耗，我们想要向前看，在纷扰尘世中越活越通透，就需要修炼屏蔽力。

希望你我都能拥有屏蔽力，遵从自己的内心，按照自己的节奏生活，不把精力消耗在不对的人和事上，不被他人的情绪侵染，不被超载信息所累，不被他人的评价左右，活得独一而洒脱。当我们心无挂碍，屏蔽一切无谓的干扰，把精力和时间花在对自己最重要的事情上，一切美好都会不期而遇。

感谢青允、呼呼猫妈、禾甜、小鱼堡、蕉叶覆鹿、晓晓、小鹿、真水无香、莫葱葱、柳一一、Vinca、代连华、冰蓝拿铁、桃几、简辛、萱子、十月、之易、天夏、小宇宙、哈利、随安、墨染、四叶草、若愚、青朴子、然雪蝉、武小五、三碗、小向向、浅居、刘小畅的辛苦付出。